난임 전문의 26인이 말하는
임신의 기술

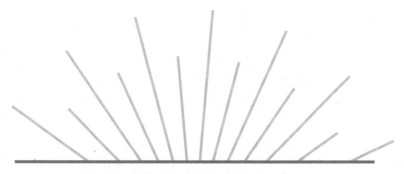

난임 전문의 26인이 말하는

임신의 기술

이승주 지음

당신의 희망을 응원합니다

이 책을 펼치신 당신과 이어진 소중한 인연에 감사드립니다.

우리는 저마다 희망을 품고, 그 희망을 이루기 위해 노력하며 살아갑니다. 하지만 작은 희망조차 이루기 쉽지 않은 게 현실입니다. 희망이 사라진 사회는 미래가 있을 수 없습니다.

당신의 가장 큰 희망은 임신과 출산이겠지요. 출산율 0.84명(2020년 기준)의 초저출산 시대에도 아이를 간절히 갖고 싶어 이 책을 선택하신 당신에게 경의를 표합니다. 아이를 낳으려는 사람은 줄고 있다지만, 당신처럼 아이를 꼭 낳고 싶어 하는 분은 오히려 늘고 있습니다. 해마다 20만 쌍의 부부가 아이를 갖기 위해 난임 전문의료기관을 찾고 있습니다. 해마다 그 숫자는 점점 늘고 있습니다.

이 책은 임신을 준비하는 젊은 부부와 아이를 갖기 위해 노력하지만 아직 임신에 성공하지 못한 난임 부부들에게 희망이 되기를 바라는 마음으로 만들었습니다. 난임 부부들에게 아이를 갖게 하기 위해 최일선에서 치료해 온 난임 전문의 26명이 들려주는, 각자 수십 년 동안 축적한 노하우와 임신 성공을 위한 조언은 당신이 임신을 위해 노력하는 데 나침반이 되어줄 것입니다.

임신은 결국 난자와 정자가 만나 하나(배아)가 되어 자궁에 착상해서 잘 자라는 것입니다. 그 사이에서 수많은 변수가 임신을 어렵게 만듭니다. 이 책이 정자와 난자, 난소, 자궁 등 임신을 가로막는 다양한 변수에 대한 당신의 궁금증과 고민을 해소하고 임신의 길을 찾는 데 도움이 되기를 희망합니다.

아이를 갖고 싶은 당신의 간절한 희망을 응원하며, 그 희망이 이뤄질 수 있도록 길을 제시하는 데 더욱 노력하는 희망마루가 되겠습니다. 이 책은 저희의 지향을 담은 첫 번째 산물입니다.

2022년 8월
희망마루

임신의 비밀이 여기 있습니다

지금으로부터 40년 전, 제가 살던 동네에 자식 열둘을 낳은 다산녀(多産女)가 있었습니다. 할머니들은 삼삼오오 모여 "미련곰탱이라서 애를 줄줄 낳았다"고 수군거리곤 했지요. 당시 동네 노인들 말을 종합하면 그녀는 열여덟에 시집을 왔으며, 시어머니 잔소리를 유행가 듣듯 아무렇지 않게 흘려보낼 정도로 무던한 성품이었다고 합니다. 반면, 그녀의 치명적 단점은 천하태평한 것도 모자라 우둔하기로 타의 추종을 불허할 정도였습니다.

매달 달거리(생리) 날도 기억을 못 하질 않나, 서방이 안 오면 '안 오나 보다' 오면 '오나 보다' 했으며, 주변이 시끄러워도 벽에 머리만 대면 드르렁 코를 골고 잘 정도였다고 합니다. 심지어 임신했음에도 배 속에 언제 애가 들어섰는지(착상 시점), 산달(출산예정일)이 언제인지 모르고 "(아기가) 밀고 나오면 낳지요"라는 식으로 출산예정일을 말했다니…. 노인들은 그녀의 다산(多産)이 우둔한 성격의 결과라고 했습니다.

예로부터 무욕무적(無慾無敵)이고, 무지무우(無知無憂)라고 했습니다. 욕

8

심이 적으면 적이 없고, 아는 것이 없으면 걱정도 없는 법입니다. 말이 씨가 되고 생각이 거름이 되듯이 임신은 너무 간절하게 기다리면 자꾸 멀어질 수 있습니다. 오히려 무심(無心)한 듯 임신에 관심이 없어야 임신이 잘 된다고 합니다. 한마디로 태평스럽고 넉살 좋은 그녀의 성정(性情)이 임신 잘 되는 원인이었다는 것입니다.

요즘 임신이 안 돼서 걱정하는 부부들이 늘고 있습니다. 난임 부부들은 난임 시술(인공수정, 시험관아기 시술)을 앞두고 마치 대입 준비하듯 밑줄 그어가며 공부합니다. 오죽하면 난임 시술을 '임신 수능'이라고 하겠습니까. 저 역시 시험관아기 시술IVF을 앞두고 재수 삼수를 했습니다. 다행히 최근에는 인터넷 포털사이트마다 난임 부부들을 위한 소통 공간(카페)이 꽤 많아서 의학 자료실을 방불케 할 정도로 정보를 눈동냥할 수 있습니다.

"한 번에 임신을 시켜주는 병원이 있을까."

"○○병원 ○○○선생님이 미다스의 손이라지."

"수정란(배아)을 자궁내막에 딱 붙여주는 기술이 있을까."

무언가에 간절할수록 소위 '~카더라' 통신에 현혹되기 쉽습니다. 심지어 의학 지식을 갖춘 의료인조차 난임 부부가 되면 전문 지식보다 '~카더라' 통신에 더 솔깃해집니다. 정말이지 수정란이 자궁내막에 착상할 수 있게끔 하는 특별한 기술이 있을까요? 미다스의 손을 가진 난임 전문의는 누구일까요? 난임 여성들의 초미 관심사는 비슷할 것입니다.

필자는 잡지사 기자로, 또 난임 시술 경험자로 산부인과 의사이자 난임 전문의들과 인터뷰하면서 깨달은 바가 있습니다. 자식을 기다리는 마음은 인간의 한계를 넘어선 운명의 영역이라는 것을 인정해야 한다는 것입니다. 그리고 나서 무심한 마음으로, 긍정적이고 낙천적인 마음으로 주치의를 믿어야 임신에 가까워질 수 있습니다.

난임 전문의들과 나눈 대화에서 알게 된 임신 성공의 비밀은 이러한 것들입니다. 임신은 이성과 계산보다는 본능에 충실해야 가까워질 수 있다는 것을. 단, 여성의 나이 서른다섯부터는 노력하면서 기다려야 하는 기적이라는 것을. 임신을 기다릴수록 초조와 불안보다는 무심해야 임신이 더 잘 된다는 것을. 미련퉁이 천하태평형 여성이 예민하고 계산하는 여성보다 임신 가능성이 훨씬 높다는 것을. 난임 전문의는 마치 운명의 배우자를 선택하듯 해야 하고, 선택한 난임 전문의를 100% 이상 믿어야 한다는 것을. 난임 전문의마다 가진 의학적 소신은 맞다 틀리다가 아니라 저마다 경험의 결론이라는 것을. 임신의 세계에서 '절대'는 없다는 것을.

또 알게 된 뜻밖의 사실. 난임 전문의들이 난임 환자보다 임신에 대한 스트레스가 훨씬 더 심하더라는 것입니다. 난임 전문의들은 다른 과 의사들과 달리 임신 성공 여부를 가늠하는 성적표(피검사 결과)를 매일 받고 있었고, 그 성적표에 따라 기분만 좌우되는 게 아니라 입맛까지 잃기도 하더군요. 심지어 아내가 월척을 낚는 꿈을 꿨다는 말에 온종일 자신감 넘치는 손끝 테크닉으로 시술에 임했다는 의사도 있었습니다. 아니나 다를까 그날 IVF 배아 이식을 한 난임 여성들 모두 2주 후 피검사 결과가 임신으로 나왔다고 합니다. 그 의사는 환자들 앞에서 환호성을 지르며 기쁨의 눈물까지 흘렸다는 에피소드를 들으며 저도 모르게 눈시울이 뜨거워지기도 했습니다.

이 책은 난임 전문의 26명과 진행한 인터뷰를 담았지만 단순한 의학적 질답이 아닙니다. 읽다 보면 의사들의 경험과 조언 속에서 당신이 임신에 성공할 수 있는 키워드가 무엇인지 느껴질 것입니다. 모쪼록 난임 전문의들의 메시지를 통해 그들의 고충과 노고를 이해하게 되기를, 난임 부부들이 걷는 난임 극복의 길에 힘이 되기를 진심으로 바랍니다.

2022년 8월

이승주

목차

01

난임의 원인과
임신의 기술

 허창영 원장

 정재훈 원장

 김명신 원장

 원형재 원장

 정다정 원장

김나영 원장

윤지성 원장

정미경 소장

임신, 포기하지 않으면
성공할 수 있어요

허창영 원장
마리아에스

1968년생. 서울대 의대 졸업. 서울마리아병원 부원장.
IVF 1만5000사례 돌파(2020년). 현 마리아에스(상봉) 원장

#시험관아기 시술의 다양한 변수
#최소한 열 번은 도전해야

허창영 마리아에스(상봉) 원장은 2001년 서울마리아병원에서 시작
해 20년 넘게 난임 부부들과 함께 임신이라는 목표를 이루기 위해 노력
하고 있다. 오늘도 5평 남짓한 진료실에서 하루에 50명에서 많게는 100
명의 난임 여성을 만나고 있다.

난임 전문의의 사명감

시대가 변함에 따라 환자 성향도 과거와는 많이 달라졌을 것 같아요.
2000년대 초반만 해도 환자들이 의사를 믿고 따르는 분위기였는데,
요즘은 그렇지 않아요. 인터넷 환경의 영향을 받아서 그런가 봐요. 궁
금한 걸 미리 다 검색하고 오죠. 그런데 의사가 하는 말이 자신이 검색
한 내용과 같으면 믿고, 다르면 믿질 않아요. 의심의 눈초리가 피부로
느껴질 정도죠. 의사마다 의학적 소신이 다른 데에는 다 그럴 만한 이
유가 있는 건데, 환자들이 인터넷으로 접한 얕은 정보를 갖고 맞서려
하니 답답할 때가 있어요.

환자들이 말도 안 되는 이유로 화를 낼 때도 있나요.
TV 드라마를 보다 보면 응급실에서 의사들이 환자나 보호자들에게
멱살잡이를 당하는 일이 종종 있잖아요. 비슷해요. 저는 감금을 당한
적도 있는걸요.

감금이라니요.

후배 의사의 환자였는데, 자궁외임신이었어요. 나팔관 쪽에 자궁외임신이 되었는데, 임신낭(태아주머니)이 커지면서 파열되었죠. 환자 남편이 격하게 흥분해선 담당 의사를 진료실에서 못 나가게 하는 겁니다. 제가 해결해 보려고 그 방에 들어갔다가 함께 감금돼 버렸어요. 어찌나 황당하던지…. 흉기를 들고 막무가내로 협박하는데, 지금도 그때를 생각하면 아찔합니다.

자궁외임신이 되면 태아를 제거해야 하는 거죠?

그렇죠. 자궁외임신의 경우 약물 치료와 수술 치료가 있어요. 착상 초기라면 약물로 치료할 수 있지만, 나팔관이 파열되면 수술할 수밖에 없죠. 다행히 수술이 잘 끝나고 퇴원했는데, 환자 남편이 끝까지 악의적으로 나오더라고요.

그럴 땐 어떻게 대처하시나요.

그래도 화를 내면 안 됩니다. 상대가 욕을 하더라도 우선은 끝까지 들어주어야 합니다. 다 듣고 나서 설명을 시작해야지요.

대형 병원 의사들도 이럴 정도면 개원의는 더하겠네요.

그럴 겁니다.

난임 전문의가 되려면 우선 산부인과 전문의가 되어야 한다. 그리고 생식 내분비학을 따로 전공해야 한다. 남자 의사의 경우 군복무 기간까지 감안하면 난임 전문의가 되는 데 15년이라는 시간이 필요하다. 결코

짧지 않은 고된 시간이다.

난임 쪽을 선택한 특별한 이유가 있었나요.

산부인과를 선택할 때부터 생식 내분비학을 하려고 마음먹었습니다. 타과와는 달리 생명을 탄생시키는 고귀한 영역이었고, 산과나 부인과가 제 적성과 맞지 않기도 했고요.

난자 채취 노하우

난임 부부들이 임신을 위해 난임 전문의료기관에 가면 자연스레 받는 시술이 인공수정과 시험관아기 시술 $IVF, In Vitro Fertilization$이다. 인공수정은 난자가 배란되는 적절한 시점에 정자를 자궁 속으로 주입하는 시술이고, IVF는 정자와 난자를 몸 밖으로 빼내 체외에서 수정을 시킨 후, 그 수정란(배아)을 자궁 속에 이식하는 시술이다.

난임 시술이 위험하지는 않나요.

다른 과에서 행하는 의료 시술과 비교했을 때 그리 위험하지는 않아요.

IVF는 반드시 난자를 채취해야 하는데, 어떻게 하는 건가요.

바늘로 난소를 찔러서 난자를 채취합니다. 난자를 채취하는 바늘은 굵기가 볼펜 심보다도 더 가늘어요. 이 주사기로 난자를 흡입하는 방식으로 채취하는데, 난자가 액체(난포액)로 둘러싸여 있어서 가능하죠.

난자를 채취하다 자칫 출혈이 생길 수 있지 않나요.

자연적으로 지혈이 된다는 전제 아래 하는 거죠. 코피가 났을 때 금방 멎는 사람이 있는가 하면 1시간이 지나도록 안 멎는 사람도 있잖아요. 주사기를 난소에 찔렀다 뺀 자리에서 자연 지혈이 빨리 안 되면 피가 흐를 수 있어요. 하지만 제 시술 경험상 시간 지나면 다 흡수되고, 대부분 별다른 문제 없이 회복돼요.

난자를 채취할 때 통증이 심하다던데, 마취를 하나요.

국소마취를 할 수도 있고 수면마취를 할 수도 있어요. 국소마취는 난소 위치가 바늘이 접근하기 쉬운 곳에 있고, 난포 수가 많지 않을 때 권합니다. 최근에는 국소마취를 원하는 분들을 제외하고는 대부분 수면마취를 합니다. 다만 수면마취를 하면 환자가 무의식인 상태에서 갑자기 움직일 수가 있어요. 미세한 바늘로 찌르는 중에 갑자기 움직이면 채취에 방해가 될 수 있습니다. 그리고 수면마취에 쓰는 주사제가 프로포폴인데, 부작용 이야기가 많잖아요. 이러한 부작용과 사고는 모니터링을 잘 안 해서 생길 수 있어요. 병원 측은 반드시 환자가 숨 쉬는 걸 확인하고 심장박동수도 체크해야 합니다.

난자 채취를 개복수술처럼 난소 안을 훤히 들여다보면서 하는 것도 아닐뿐더러, 설령 속을 볼 수 있다 해도 난자처럼 작은 게 보일 리가 없잖아요. 또 생식기 위치가 교과서와 달라서 바늘로 채취하기 힘든 경우도

많다던데요.

그럼요. 어떤 분은 난소가 다른 장기와 유착되어서 배꼽 근처까지 올라가 있기도 해요. 그런 분은 평상시 질식 초음파로도 난소가 잘 안 보여요. 또 난소 옆으로 혈관이 바로 지나가기도 하고, 방광 위에 있기도 하고…, 정말 다양합니다. 예전의 복강 내 수술이나 골반염 또는 자궁내막증으로 인해 난소가 다른 장기와 유착된 경우라든지 난소에 자궁내막증이나 양성 종양이 있는 경우, 해부학적으로 난소 위치가 방광과 붙어 있는 경우에도 난자를 채취하기가 쉽지 않습니다.

난자를 몸 밖으로 끄집어내는 방법은 간단하다. 초음파 기구에 바늘을 장착해 질로 투입해 난소를 찔러 성숙 난자(체외에서 정자와 수정될 수 있을 정도로 성장한 난자)를 몸 밖으로 채취해 내는 것이다.

허 원장의 설명을 종합하면, 산부인과 의사라면 누구나 한 번쯤 물혹 제거술을 해봤을 것이고, 난자 채취술과 물혹 제거술이 거의 흡사하기 때문에 시술 경험이 부족한 초보 난임 의사라도 단시간에 난자 채취 등의 기본 테크닉은 배울 수 있다. 그러나 난자를 채취하고 수정란을 이식하는 일은 결코 만만치 않다. 난자를 채취하는 고도의 숙련된 손 테크닉과 감각도 중요하지만, 그전에 초음파를 보는 실력과 저마다 상태가 다른 환자들의 난자를 어떻게 잘 키울 것인지 등의 판단력이 난임 전문의의 실력을 가르는 중요 포인트이기 때문이다.

난임 의사가 직접 난자 채취를 해볼 수 있는 건 언제부터인가요.

레지던트 때에는 못 해봐요. 난임 시술은 난임 전문의료기관에 근무

해야 해볼 수 있어요. 제가 대학에서 레지던트를 할 때 한 달에 20~30건씩 시술에 참여했어요. 난자 채취도 하루에 두세 건 있었지만, 어깨 너머로 보는 정도지 직접 하지는 못합니다. 난임 전문의료기관에 펠로(fellow·전문의)로 와서야 비로소 선배들에게 배우게 되지요. 난자 채취 등의 시술 테크닉은 금방 배우는 의사도 있고, 더딘 의사도 있더라고요. 하지만 대체로 한국인은 손기술이 좋아서 금방 배우는 편입니다. 더러 외국에서 IVF를 받았던 분들이 한국에서도 받으면 한국 난임 전문의들의 손길이 다르다고 해요.

포기하지 않으면

우리나라에서 인공수정 및 IVF를 하는 환자는 한 해 23만 명에 달한다. 가임 부부 7쌍 중 1쌍이 난임 부부라는 통계를 실감케 한다.

오랫동안 IVF를 해오면서 느낀 점이 있다면.
'포기하지 않으면 대부분 성공할 수 있다'입니다. 폐경이 되었다면 안 되겠지만, 열 번 도전하면 그 안에는 된다는 거예요. 이런 분도 계셨어요. 다른 병원에서 조기폐경으로 진단받고 오신 분인데, 실제로 생리도 거의 하지 않았다고 합니다. 정기적으로 배란유도제를 복용하고 난자 채취를 시도했지만 1년 넘게 한 번도 성공하지 못했어요. 그런데 최근에 난포가 한 개 자라서 거기서 난자 한 개를 채취해 배아 이식을 시행했는데, 임신에 성공했습니다. 저조차 거의 가능성이 없다고 보고 난자 공여에 대해 설명하려고 했었으니 기적에 가깝다고 볼 수 있습니다. 임신의 세계는 정말 교과서와 다릅니다. 전문의라도 '내가 좀 안다'고 자만하면 안 됩니다.

어떤 난임 케이스가 힘들던가요.

자궁이 안 좋은 경우겠지요. 자궁내막이 얇고 유착이 있으면 쉽지가 않습니다. 자궁내막 유착은 골반염이나 결핵을 앓았을 때 생길 수 있습니다. 임신중절수술 때문에도 유착될 수가 있고요. 산부인과에서 소파수술(긁어냄술)을 할 때 자궁내막에 태반 잔유물을 남기지 않으려고 너무 열심히 긁어내는 경우가 있어요. 그러다 보면 손상이 와요. 자궁벽 자체에 문제가 생기고 유착이 되는 겁니다. 이 경우 난자의 질이 아무리 좋아도 임신이 힘들어요. 땅이 안 좋으면 좋은 씨앗을 뿌려도 곡식이 안 자라는 것에 비유할 수 있습니다.

임신 가능성이 절망적일 때 솔직히 이야기하나요.

전에는 '안 됩니다'라고 말했는데 지금은 그렇게 말하지 않아요. 그분이 임신에 성공할지 모르는 일이니까요. 악조건 속에서도 임신에 성공하는 경우가 적지 않습니다. 착상이 되고 안 되고의 비밀을 난임 전문의인 우리도 다 알지 못합니다. 경험이 많아도 함부로 단정하지 말아야 해요. 악조건 속에서도 임신이 되는 걸 경험해 보면 교과서대로 말할 수 없게 됩니다.

최근 만혼 추세와 재혼 부부가 늘어나면서 40대 부부의 임신 도전은 흔한 일이 되고 있다. 난임 전문의로서 40대 여성의 도전은 안타까움 그 자체라고 한다.

"여성의 경우 태어날 때부터 평생 쓸 난자가 정해져 있어요. 한정 소멸인 셈이죠. 설상가상으로 난소 노화 속도까지 빠르다면 난자는 더 빨리 소멸해 버릴 수 있어요. 난소 노화 속도는 나이와 유전 등으로부터 자유로울 수 없어요."

40대 여성은 난자 상태가 많이 안 좋은가요.

초경이 시작되면 좋은 난자부터 없어지는(배란이 되는) 것 같아요. 30대 초반이면 좋은 난자가 줄어들고, 40대가 되면 난소에 난자가 얼마 남아 있지 않아요. 태어날 때 난자가 100만 개였다고 해도 40대 중반이면 1만 개 정도 남아 있을 겁니다. 그중 75%가 이상이 있는 난자라고 봐야 합니다. 또 40대라면 좋은 난자로 좋은 배아(수정란)가 나와도 착상률이 급격히 떨어질 수 있어요. 유산율도 높고요.

자연배란 혹은 과배란 주사로 난자를 키울 때 질 좋은 난자가 자라서 배란이 될 가능성이 마치 복권 당첨처럼 어렵다는 건가요.

그런 셈이죠. 그래도 저는 실패하더라도 계속 도전해 보라고 말하고 싶어요. 도전하다 보면 된다는 겁니다. 의사로서 안타까울 때가 많아요. 의사는 하자는데 정작 당사자는 좌절하거든요. 일반적으로 여섯 번 정도 해보고 안 되면 난자 공여 혹은 대리모도 고려해 보라고 말하는데, 저는 그것보다 더 많이, 최소 열 번 정도는 도전해야 한다고 봐요.

그뿐 아니라 여러 방법을 다 해봐야 해요. 자신에게 맞는 방법이 분명 있을 겁니다. 난임 시술에서 처방하는 주사제와 배란유도제가 여러 종류이고 저마다 반응이 달라요. 어떤 건 잘 받아들이고, 어떤 건 잘 안 받아들일 수 있어요. 한두 번 해보고 난자가 잘 안 자란다고 해서 포기해선 안 됩니다. 이렇게 말하면 '의사가 돈 벌려고 한다'고 말할 수도 있겠지만 그건 절대 아니에요. 정말 안타까울 때가 많아요.

기억에 남는 환자가 있다면.

고령에 난소기능 저하인 분이었는데 매번 난자 채취할 때마다 난자가 1~2개 정도밖에 안 나오는데도 무조건 수정시켜 5일 배양까지 키워서 PGT-A(착상 전 유전자 검사)를 하기 원했어요. 20회 넘게 시술해서 염색체가 정상인 배아를 3개 정도 냉동했는데, 한번은 신선 주기에 이식하기를 원해서 한 개를 이식했더니 바로 임신이 되었어요. 물론 분만도 잘했고 아이도 건강합니다. 둘째는 아직 시도를 안 한 상태이지만, 염색체가 정상인 배아가 많이 있으니 고령이어도 수월하게 시도할 수 있을 겁니다.

자궁적출률 1위의 이면

허 원장은 난임 전문의에게 가장 큰 스트레스는 "임신 여부를 확인하는 혈액검사 결과가 나올 때"라며 "난임 전문의에게는 성적표"라고 했다.

"임신이 잘 안 된 날에는 온종일 기분이 좋지 않고 그야말로 자괴감에 빠집니다. 반대로 힘든 케이스인 분이 임신이 되었다는 소식을 들으면 퇴근 후에 집에 와서 아내에게까지 자랑하죠."

의사마다 임신율이 다르지요?

젊은 의사들이 임신율이 높을 수 있어요. 환자가 젊고, 난임이 된 이유가 쉬운 케이스가 몰리니까 1차, 2차 안에 되는 경우가 많습니다. 시술 경험이 많은 의사에게는 하다하다 안 되는 분들이 몰리니까 수치상으로 임신율이 젊은 의사들보다 낮을 수 있어요.

주로 어떤 유형의 여성들이 임신이 잘 되던가요.

물론 젊고 난소기능과 자궁 상태가 좋은 분들은 임신에 쉽게 성공합니다. 반면에 난소기능이 저하되어 있거나 자궁내막 상태가 좋지 못한 분들은 성공률이 낮습니다. 하지만 상태가 좋지 못해도 희망을 갖고 끝까지 포기하지 않고 노력하시는 분들은 언젠가는 임신에 성공하는 경우를 많이 보게 됩니다. 또한 제가 경험한 바로는 외국인이거나 외국에서 살다가 시술 때문에 오신 부부들이 임신이 잘 되는 것 같았어요. 한국인들이 그만큼 스트레스가 많다는 게 아닐까요.

한국은 경제협력개발기구OECD **국가 중 자궁적출률 1위라고 합니다. 최근 4년간 수술 건수도 40% 가까이 급증했다고 하고요.**

의사마다 판단이 달라요. 생리통을 심하게 유발할 수 있는 자궁근종, 자궁선종, 자궁내막증과 같은 질환은 같은 산부인과 의사라도 종양학을 전공한 의사와 난임 전문의의 치료적 접근 방법이 차이가 있을 수 있습니다. 증상 완화와 완치가 목표일 수도 있고, 가임력 유지가 최우선일 수도 있습니다.

과학의 힘은 위대하다. 너무 위대해서 눈부실 정도다. 그러나 생명 잉태라는 착상의 비밀은 여전히 신이 쥐고 있는 것 같다. 그 성스러운 영역에 도전하는 난임 전문의는 감히 신에게 '딜deal'을 요청한다. "이쯤에서 자손을 주시지요" 하고.

여성 난임 검사 어떤 게 있나요

호르몬 검사(혈액 채취):

갑상샘자극호르몬(TSH) 검사, 유즙분비호르몬(Prolactin) 검사, 난소 예비능 검사(AMH), 황체형성호르몬(LH)·난포자극호르몬(FSH)·에스트라디올(Estradiol) 검사가 있습니다.

초음파 검사:

생리 2~3일째 질식 초음파로 난소에 있는 예비 난포(6mm 이하) 갯수를 관찰합니다. 또 예상 배란일 3~4일 전부터 질식 초음파 촬영으로 난포의 성장 및 자궁내막의 상태, 배란 시기 등을 관찰합니다.

자궁난관조영술(HSG):

나팔관 폐쇄 여부와 함께 자궁 내 유착, 자궁 기형 여부 등을 확인할 수 있습니다. 적절한 검사 시기는 생리가 끝난 직후부터 배란기 전까지입니다.

복강경 검사:

HSG 검사에서 나팔관이 폐쇄되었거나 다른 이상이 있는 경우, 또는 자궁내막증 등의 진단을 위해 실시합니다. 복강 내 유착, 자궁내막증 등이 발견되면 검사와 동시에 치료를 받을 수 있습니다.

자궁경 검사:

HSG 검사에서 자궁 내 유착, 점막하 근종, 폴립(Polyp), 자궁 기형 등이 의심될 때 실시합니다. 검사를 받으면서 자궁경 수술까지 함께 받을 수 있습니다.

최고 명의는
나를 임신시켜 주는 의사

정재훈 원장
마리아플러스

1965년생. 서울대 의대 졸업. IVF 3만 사례 돌파(2021년).
현 마리아플러스(송파) 원장

#난임의 원인 스트레스
#임신이 잘 되는 여자, 안 되는 여자
#난임 전문의는 초음파 잘 봐야
#착상에 도움 주는 비아그라 질정

"아직도 기억이 생생합니다. 시험관아기 시술*IVF*을 받은 여군이었어요. 보통은 배아(수정란)를 자궁 내 이식하면 병원에서 몇 시간 동안 안정을 취하거든요. 그런데 그분은 훈련이 있다며 시술이 끝나자마자 바로 가는 거예요. 난자를 채취한 지 며칠밖에 안 되었으니 배가 불편할 법도 한데 아랑곳하지 않더라고요. 정말 씩씩한 여성이었어요. 그분, 그 시술에서 임신이 되었어요."

정재훈 마리아플러스(송파) 원장이 만난 난임 여성들은 다양하다. 임신에 대한 절박한 바람을 안고 난임 전문의료기관에 오는 것이야 예나 지금이나 변함이 없겠지만 그녀들은 분명 달라졌다. 똑똑해졌으며 때론 전투적으로 변했다. 심지어 의학 지식이 웬만한 의사는 저리 가라인 경우도 적지 않다.

"10년 전만 해도 전업주부가 많았어요. '어떻게든 임신만 시켜주세요'라며 통사정하는, 정이 많은 스타일이었죠. 요즘은 직장여성이 많아요. 인터넷을 뒤져가며 엄청 열심히 공부하고 오더라고요. '다른 의사는 어떻게 처방하던데 당신은 왜 이렇게 처방하느냐?'라며 의학적 소신의 차이까지 궁금해할 정도로 똑똑해요. 의사로서 피곤할 때도 있지만, 공부를 더 많이 하게 되는 긍정적인 효과도 있습니다."

통계청 자료에 따르면 2020년 한국의 여성 고용률은 57.8%에 달했다. 연령대별 고용률을 보면 25~29세가 71.1%인 것을 비롯해 30~34세 64.6%, 35~39세 59.9%, 40~44세 62.7%에 달한다. 세태가 이렇다

보니 요즘 난임 전문의료기관에는 직장에 다니면서 임신을 위한 시술(인공수정, IVF)에 도전하는 여성이 많아졌다.

간편해진 IVF

직장여성은 IVF를 받는 게 힘들지 않나요.

IVF가 간편해졌어요. 예전에는 병원에 자주 가야 해서 직장에 다니는 경우 엄두를 못 냈을 겁니다. 난자를 여러 개 키우는 과배란 주사를 병원에 와서 맞아야 했고, 배아 이식을 한 후에는 피검사를 통해 임신이 확인될 때까지 병원에 와서 착상을 돕는 프로게스테론(황체호르몬) 주사를 맞아야 했으니까요. 요즘은 과배란 주사도 자가로 맞을 수 있고, 프로게스테론도 엉덩이 주사가 아니라 질정이나 복부에 맞는 자가 투여 피하 주사로 대체할 수 있어요. IVF 한 번 도전하는 데 평균 5~7회 정도만 방문하면 됩니다. 난임을 치료하는 생식의학 기술과 테크닉이 비약적으로 진화했죠.

직장여성 환자 중에서 특히 기억에 남는 환자가 있다면.

한번은 지방에 사는 분이 오셨어요. 난자 채취를 해달라는 겁니다. 지방에서 과배란 주사 처방을 받아서 난자를 여러 개 키우고 있었는데, 서울 출장이 잡히는 바람에 부랴부랴 남편과 함께 병원에 왔더라고요. 요즘은 여성들도 출장을 자주 다녀서 있을 수 있는 일이죠. 우리 병원은 전국에 네트워크가 되어 있어서 이동 채취가 가능해요. 요즘은 그런

병원이 많습니다. 물론 어지간하면 한 병원에서 시술을 진행하는 게 좋긴 하지만요.

부부 형태도 예전과는 달라졌다. 주말부부 정도면 다행이다. 월말 부부, 심지어 학기 부부도 있다. 어떤 부부는 해외 출장 등으로 1년에 서너 번밖에 얼굴을 보지 못하기도 한다. 하늘을 봐야 별을 따는데, 각자의 하늘이 다르다 보니 도무지 같이 별을 딸 수가 없다. 정 원장은 건강한 부부라도 자연임신에 성공할 확률이 그리 높지는 않다고 설명한다. 아내의 나이가 35세가 넘었다면 더더욱 낮아진다. 설상가상으로 부부가 같이 살지 못한다면 임신이 힘들어지는 건 의심할 여지가 없다.

한집에 부부가 같이 살고 부부 관계를 열심히 해도 자연임신이 잘 안될 수 있잖아요.

맞아요. 배란일 때 관계를 맺어도 임신 성공률이 20%밖에 안 됩니다. 건강한 부부가 이틀이 멀다 하고 잠자리를 한다면 1년 안에 90%가 자연임신을 해요. 10~15%만 임신이 안 되는 거죠. 피임을 안 했는데 결혼 후 2년이 지나도록 임신이 안 된다면 임신 능력이 떨어진다는 걸 인정해야 해요. 수정 장애가 있는지, 나팔관이 막혔는지 등을 추적해봐야 합니다. 젊다는 이유로 넋 놓고 있으면 안 돼요.

정 원장은 여성의 생식학적 환갑을 마흔 살쯤으로 봐야 하지만 보조생식술이 발전해서 시기만 놓쳐서 오지 않는다면 임신이 얼마든지 가능하다고 설명한다. 다만 마흔이 넘으면 자궁근종 등의 문제가 생길 수 있고 난자의 질도 떨어질 수 있어 인내심을 갖고 노력해야 한다는 것. 그 때문에 한 살이라도 젊을 때 임신하는 게 최선이라고 강조했다.

자연임신 성공률이 생각보다는 낮군요.

저도 아내가 임신이 안 되어서 한동안 고생했어요. 결혼하고 3년간 안 생기더라고요. 제가 수원에서 군의관 하던 시절에 집사람과 서울에 있는 병원에 다녔죠. 고향 부모님 성화에 군의관 한 달 월급을 털어서 한약을 지어 먹기도 했고요. 난임 원인은 다낭성난소증후군이었어요. 배란 장애가 있었던 거죠. 배란을 유도해서 인공수정을 해도 쉽게 안 생기더라고요. IVF도 실패했고요. 하지만 어느 순간 자연 배란이 되어서 자연임신으로 딸을 낳았어요.

난임 전문의가 직접 난임을 겪은 거네요.

그때는 난임 전문의가 아니었어요. 인턴만 마치고 결혼해서 저도 제대로 알지 못했거든요. 원래는 진단방사선학을 전공할 생각이었는데 제가 난임으로 마음고생을 하면서 난임 치료에 관심이 생겼어요. 산부인과 레지던트를 하면서도 오로지 난임 치료에만 관심이 가더라고요.

난임 여성들을 보면 남 일 같지 않겠어요.

여성들이 대단해요. 집사람도 교회를 열심히 다니면서 기도를 했거든요. 그래서 제가 딸에게 '너는 신의 딸'이라고 말해요. 엄마의 기도와 정성으로 낳았다고(웃음).

여성이 남성보다 종족 보존 열정이 더 대단한 것 같아요.

자식을 낳는 문제에서는 여성이 남성보다 더 용감하고 적극적입니다. 직장 때문에 떨어져 사는 부부가 많아요. 배란일 때마다 일이 생긴다거나 해서 남편을 만날 수 없게 되었다면 지방까지 내려가는 쪽은 여성이더라고요. 어떤 여성은 남편의 해외 출장이 잦으니까 정자를 냉동해 놓고 혼자서 병원 다니면서 시도하더군요. 안 낳겠다면 모를까, 낳겠다면 적극적인 쪽이 여성이에요. 임신을 위해서 목숨을 거는 거죠. '몸이 부서져도 좋으니까 쓸 수 있는 약은 다 써달라'고 하는 여성도 있어요. 남편들은 아내만큼 적극적이지 않아요.

스트레스와 난임

최근 들어 왜 이렇게 난임 부부가 많아지는 걸까. 정 원장은 "가장 큰 원인은 늦은 결혼이지만 스트레스도 한몫한다"고 결론을 내렸다. 사실 난임 자체만 해도 여간 스트레스가 아니다. 직장인의 경우 난임 스트레스에 직장 스트레스까지 가중되어 더 힘들 수 있다. 더욱이 직장 내 갈등이나 직장 상사로 인한 스트레스는 혈압만 올리는 게 아니라 난임의 원인이 되기도 한다. 꼬박꼬박 생리하던 여성도 스트레스에 노출되면 몇 달씩 생리가 사라지기도 한다. 오죽하면 법원이 직장 생활로 받는 스트레스를 업무상 재해로 인정했겠는가.

난임일 때 마음고생이 너무 심해지더라고요.

난임 스트레스가 암 진단을 받았을 때의 스트레스와 비슷하다는 보고가 있어요. 난임 자체도 스트레스인데 직장에서 난임을 이해하지 않아서, 휴가를 쉽게 내주지 않아서 더 스트레스를 받더라고요. 난임 휴직을 하려면 진단서를 제출해야 하는데 진단서 내용이 너무 까다로워요. 난임이 해결되려면 몇 달 쉬어야 하는지 개월 수를 적으라는 식으로 돼 있으니 의사로서 참 난감하죠. '장기간 안정'이라고 적어서 주긴 하는데…, 난임 휴직은 문서에 얽매이지 않으면 좋겠어요.

난임을 유발하는 직업이 있나요.

승무원들은 배란이 잘 안 되는 경우가 많았어요. 몸매 관리나 피부 관리가 잘되어 있어서 겉으로는 화사해 보이지만, 고도가 높은 하늘에서 서 있어야 하고 생활이 불규칙하니까 배란이 불균형해질 수 있죠. 또 잦은 비행으로 인해 배란일에 맞춰 남편을 만날 기회가 적잖아요. 여성들은 스트레스가 심하면 배란 장애는 물론이고, 자궁이 수축되거나 나팔관에 경련이 일어날 수도 있어요. 임신이 되어도 자궁외임신 비율이 높아져요.

업무의 성격도 영향을 받겠죠.

그렇죠. 밤낮이 뒤바뀌는 일을 한다든지 주사 맞는 데 어려움이 있는 근무 여건이라든지 등에 따라 난임 치료를 받을 때 스트레스를 더 받고 덜 받고 하더라고요.

직장에 다니면 업무상 술을 마시는 것도 피할 수 없어요.

스웨덴 쪽 연구 결과를 보면, 하루에 두 잔 이상 알코올을 마실 경우 난임 가능성이 1.59배 증가한다고 해요. 다른 연구에서는 알코올 섭취량에 비례해서 임신율이 떨어진다고 나왔어요. 과다한 알코올 섭취는 기형아를 유발한다는 연구 결과도 있으니까 술은 자제하는 게 좋아요.

술을 마시면 그렇지 않은 여성에 비해 임신율이 50% 이상 감소한다는 연구 결과가 있다. 적당한 양의 술은 혈액순환을 촉진하고 리비도Libido를 증가시켜 부부 관계에 도움이 되지만, 과음이나 폭음 그리고 장기간 음주는 임신을 방해한다. 술이 여성에게는 맞지 않는데 이는 남성보다 체지방의 비율이 높고 수분량은 적어 똑같이 술을 마셔도 체내 알코올 농도가 더 높아지기 때문이다. 또 알코올 분해효소가 여성이 남성보다 적게 분비되어서 간이 더 빨리 나빠진다. 무엇보다 알코올은 여성의 호르몬 체계에 변화를 일으켜 생리불순이나 생리통을 유발하기도 한다.

임신 잘 되는 여자 & 안 되는 여자

정 원장은 "임신은 남녀가 사랑 후 맞이하는 축복의 열매"라면서도 "임신 성공에 대해 너무 집착해선 안 되고 긍정적인 마음을 가져야 한다"고 강조했다. 같은 또래라도 임신이 너무 잘 돼서 골치 아프다는 부부가 있는가 하면, 의사의 코치 아래 아무리 노력해도 안 되는 부부가 있다. 난임 전문의로 18년간 15만 명을 만나봤다는 그는 낙천적인 성격이 예민한 성격보다 임신에 훨씬 빨리 성공한다고 귀띔했다.

임신이 잘 되는 여성이 따로 있을까요.

얼굴만 봐도 대충은 알아요. 대화를 해봐도 느낌이 오고요. 피부가 어둡고 거칠면서 어깨가 너무 떡 벌어진 여성은 수태력이 떨어질 수 있어요. 아무래도 여성스러워야 임신을 잘하죠. 여드름이 많이 났던 흔적이 있고 음부의 털이 배꼽에서 항문까지 너무 많으면 다낭성난소증후군일 가능성이 커요. 초음파를 통해 더 정확하게 파악해야 하겠지만 대충 봐도 아는 거죠. 성격도 중요해요. 까칠하고 예민하면 임신이 잘 안돼요. 초조해하고 긴장하면 혈관이 수축되고 자궁 혈류량이 줄어들 수밖에 없거든요.

조선 시대 유중림이 쓴 〈증보산림경제〉에는 슬하에 자식이 있는 유자상(有子相)과 자식이 없는 무자상(無子相)에 대한 기록이 있다. 이 책에는 월경의 양과 색깔, 월경주기, 여성의 눈동자와 손과 발의 온도, 얼굴 피부색은 물론이고 몸매와 치모의 형태까지 들어가며 무자상과 유자상을 구분했다.

유자상은 어떤 모습일까. 간단하게 "눈꼬리가 갸름하되 그 눈 끝이 젖어 있지 않고, 거위나 벼룩상으로 콧날이 오똑하며, 손바닥이 붉고, 남달리 어깨가 둥글고, 등이 두껍고 배꼽은 깊으며, 엉덩이가 펀펀하고 골반이 쩍 벌어졌으며, 배는 크고, 봉황의 눈처럼 검은 눈동자가 눈꺼풀에 가리지 않는 상"이라고 한다. 반면 무자상(無子相)은 깊은 눈, 말대가리상, 창백한 혓바닥, 털이 많은 콧속, 불붙듯 도드라진 입술이라고 한다. 사실 얼굴과 외모만으로 유자상과 무자상을 가려낸다는 건 어불성설인지 모른다. 결국 자궁과 난소를 봐야 한다.

얼굴이 다르듯 생식기도 사람마다 다르겠지요.

태어날 때부터 자궁이 기형인 경우도 있고, 자궁이 없는 경우도 있어요. 난소의 크기도 사람마다 달라요. 난소가 정상 위치에 있지 않고 자궁 위쪽에 달라붙어 있거나 유착이 생긴 경우도 많죠. 자궁 옆에 있어야 할 난소가 이상한 곳에 가 있는 거예요. 난소와 자궁 위치가 변형되어 있으면 질식 초음파로 봐도 잘 보이지 않아요. 그래서 배를 눌러 질 입구와 가까워지게 해서 봐야 해요. 이런 경우에는 IVF에서 난자를 채취하거나 배아 이식 시술을 할 때도 힘들 수 있어요. 물론 시술 경험이 풍부하면 어떠한 상황에서도 해낼 수 있지만.

말이 나왔으니 짚고 넘어가자면, 난임 전문의에게 초음파 영상 보기는 매우 중요하다. 직접 초음파 영상을 보면서 난소 상태 등을 파악해 과배란 주사의 용량을 정해야 하고, 난포가 자라는 반응을 관찰하며 난자를 채취할 디데이_D-day_를 잡는다. 초음파 검사는 2차원으로 본 인체를 머릿속에서 재구성해 3차원의 입체적인 그림으로 그려내야 하기에 경험이 많을수록 실력이 있을 수밖에 없다. 평면적 영상을 보면서 머리로 공간까지 다 계산해야 하기 때문이다.

초음파 영상을 잘 보는 비결이 있나요.

경험과 노력이죠. 끊임없이 계속 보면서 노하우를 쌓아야 해요. 이런 환자에게는 어떤 식으로 배란 유도를 하면 되겠다는 감이 와요. 의사가 직접 초음파 영상을 보지 않고 간접적으로 초음파 소견을 듣게 되면 전체적으로 볼 수가 없어요. 초음파 영상을 전문적으로 보는 의사가 봐도 되지만 난임을 치료하는 전문의라면 자기가 직접 보는 게 가장 좋아요.

난임 전문의가 직접 초음파 영상을 봐야 하는 또 다른 이유가 있다면.

계속 초음파 영상을 보면 환자 개개인의 추세를 알 수 있어요. 이 환자의 난소가 예전에는 어떠했는데 지금은 어떻다는 게 연결되는 거죠. 환자의 얼굴은 기억 못 해도 그 여성의 난소 상태가 기억나는 거죠. 환자와의 친밀감도 높아지고요.

한배를 타다

IVF의 임신 성공률은 40%에 달한다. 아무리 체외에서 수정되어 건강한 배아를 고른다고 해도 착상의 비밀은 난임 전문의조차 모르는 부분이 많다. 정 원장은 "열심히 걸으면 임신이 잘 된다"고 강조했다.

정적인 여성보다는 동적인 여성의 수태율이 훨씬 높다고 하더군요.

그런 편이죠. 실제로 밭에서 일하는 여성이 훨씬 임신이 잘 돼요. 햇볕을 쬐면 수태력이 좋아집니다. 늦게 결혼하더라도 몸 관리 잘하고 혈액순환 잘될 정도로 운동하는 여성이 빨리 임신이 됩니다.

생식기 내 혈액순환 개선을 위해 남성들이 발기부전 치료제로 먹는 비아그라를 처방한다고 들었어요.

자궁내막 상태가 좋지 않은 경우 비아그라를 질정으로 처방해요. 비아그라를 질정으로 사용하면 난임 여성 자궁의 혈류량을 증가시켜 착상을 돕거든요. 질과 자궁경부 쪽으로 약이 흡수되는 과정을 통해 자궁에 혈이 몰려요. 남성이 비아그라를 복용하면 말초혈관과 정맥이 확장되면서 음경 속에 피가 몰려 발기가 되는 건데, 난임 여성이 비아그라를 질정으로 사용하는 경우, 자궁으로 가는 혈액의 공급이 일시적으로 원활해져서 착상에 도움이 되는 거죠.

최근 난임 전문의료기관들은 만혼과 재혼으로 인한 고령 환자가 많아져서 고충이 이만저만이 아니다. 과배란 주사를 고용량으로 투여해도 난자가 자라지 않는 난소기능 저하를 겪는 여성이 적지 않다. 하지만 기적이 없는 건 아니다.

난임 전문의에게 가장 난제가 난소기능 저하라고 들었어요.
난소가 거의 폐경 수준인 분이 있었어요. 과배란 주사를 아무리 많이 맞아도 난자가 한 개 겨우 자라거나 아예 안 자랐어요. 그러다 어느 도전에서 난자가 세 개 자라더라고요. 그 난자로 결국 임신했어요. 난소기능이 너무 떨어져서 배아를 세 개 이식했는데, 세쌍둥이를 임신한 거예요. 정말 자식과 맺어지는 인연에는 의사가 모르는 부분이 분명히 있어요. 그야말로 신의 영역이 있는 것 같아요. 몇 년 전, 50대 여성이 임신했을 때 의사인 저도 믿어지지 않았죠.

정 원장은 생김새나 성품이 결코 상냥하거나 보드라워 보이진 않았다. 다소 무뚝뚝하게 느껴진다. 그만큼 집요한 구석이 있어 보였고 자신감 있는 말투였다.

스스로 어떤 의사라고 생각하나요.

전 빨리빨리 스타일입니다. 낙관하며 허송세월하다가 가임 능력을 다 잃을 수 있거든요. 또 무조건 희망적으로 좋게 말하지 않아요. 바른 소리를 하니까 무섭게 느껴질 수 있겠지만 저는 '한 여성의 임신은 한 가정을 구하는 일'이라고 생각합니다. 의사와 환자는 이미 한배를 탔어요. 이유를 불문하고 믿고 따라와 주면 좋겠어요. 세상 최고의 난임 전문 명의는 결국 나를 임신시켜 주는 의사 아니겠어요.

자세가 바르면 임신도 잘 돼요

김명신 원장
아이오라여성의원

서울대 의대 졸업. 대구마리아 진료과장. 부천마리아 진료부장. 고대구로병원 외래교수.
난임 시술 1만2000사례 돌파(2019년). 현 아이오라여성의원 원장

#골반이 틀어지면 생식기도 문제
#난임 부부의 자연임신 기적 #생체 자궁 이식 통한 임신

바른 자세는 건강을 위해 매우 중요하다. 척추 전문가들은 10초 정도 척추를 쭉 펴고 바른 자세로 앉는 것을 하루에 수십 번씩 반복하면 건강해진다고 조언한다. 특히 여성은 요가 혹은 바른 자세 교정으로 골반 건강에 힘쓰는 것이 생식능력 향상에도 도움이 된다. 김명신 아이오라 여성의원 원장의 얘기를 들으면 여성에게 골반 균형이 얼마나 중요한지 더더욱 느낄 수 있다.

난임과 요가

장기의 모양과 위치가 사람마다 다르다고 들었어요. 생식기도 그런가요.

그럼요. 해부학 교과서대로 자궁과 난소가 제 위치에 예쁘게 있는 여성보다는 그렇지 않은 여성이 더 많아요. 자궁내시경만 해도 알 수 있어요. 환자가 누워 있는 상태에서 자궁내시경 카메라를 넣어보면 교과서에 나온 모양과 위치에 제대로 있는 경우보다는 약간씩은 틀어져 있는 경우가 더 많아요. 자궁 자체가 원인인 근종이나 선근증 때문이기도 하고, 과거 자궁에 대한 수술 이력 때문인 경우도 있고, 난소나 골반의 자궁내막증이나 골반염 등에 의한 자궁 밖 유착이 원인이어서 그렇기도 하죠. 간혹 응급 상황에서 제왕절개를 했다든지 제왕절개를 할 때 과다 출혈 등의 문제가 있었던 경우, 산욕기(출산 후 자궁의 모양과 크기가 원래로 복구되는 기간으로 약 6주) 이후에 자궁을 관찰해 보면 임신 전과 다른 각도와 모양을 보이는 경우가 있어요.

골반이 틀어져 생기는 생식기 위치 변형이 어느 정도로 심한가요.

질 초음파로 봤을 때 난소는 질에서 조금 멀어서 찾기 어렵다 하더라도 자궁은 어지간하면 교과서에 나온 각도여야 하는데, 심하게 뒤로 꺾여 있거나 틀어져 있는 분이 종종 있어요. 난임 시술을 준비하면서 질 초음파로 자궁과 난소를 계속 관찰하면서 난포의 성장과 자궁내막 변화를 체크해야 하는데 너무 많이 틀어져 있어서 자궁 자체를 보기 위해 배를 눌러야 하는 환자도 많아요. 질 초음파로 자궁 안쪽을 보기 어려운 환자도 있고요. 이 경우 자궁 밖 유착이 의심되는데 자궁이 주변 장기와 심하게 유착되었다면 결국 나팔관의 움직임에 문제가 있을 가능성이 크고, 난소로 가는 혈류량도 걱정해야 합니다. 자궁 자체의 각도와 모양이 임신 능력에 직접 영향을 주는 것은 아니지만, 그 원인이 자궁 내 병변 때문이거나 자궁 밖 유착(골반 내 유착) 때문이라면 당연히 난임의 원인이 될 수 있거든요.

생식기 위치와 모양이 비정상적이면 난임 시술을 할 때 힘들 수 있나요.

난자 채취는 난소를 직접 찔러서 난포액을 흡입하는 수술적 과정이죠. 근종이나 선근증 등 자궁 질환으로 난소의 위치가 영향을 받는 경우, 또는 골반 내 유착으로 난소와 다른 장기의 유착이 의심되는 경우 당연히 채취 도중 과다 출혈, 다른 장기 손상 등의 문제가 발생할 확률이 더 높을 수밖에 없어요. 경험이 풍부한 난임 전문의라도 그런 경우는 긴장할 수밖에 없죠. 저는 전국에서 시험관아기 시술*IVF*을 가장 많이 하기로 유명한 대구마리아에서 시작했어요. 정말 행운이었죠. 다른 병원에 근무했다면 1년 넘게 있어도 해볼 수 없는 시술들을 한 달 만에

다 해봤으니까요. 초음파를 보고 시술하는 걸 매일 끊임없이 경험하면서 의사로서 부쩍 성장한 것 같아요.

요가를 하면 틀어진 골반이 교정될까요.

제가 요가를 해요. 요가를 하기 전에는 몰랐는데, 해보니까 앉는 자세가 정말 중요하다는 걸 느끼겠더라고요. 다리 꼬아서 앉는 버릇, 걷는 습관으로 인해 골반의 근골격이 틀어질 수 있어요. 골반 근골격이 심하게 틀어진 분들은 질 초음파로 보면 교과서에 나와 있는 생식기 위치와 다르게 각도가 틀어져 있는 경우가 많아요. 물론 자궁의 병변이나 자궁 밖 유착(골반 내 유착)으로 해부학적 변화가 생긴 것과는 다른 경우이기 때문에 이런 틀어짐이 난임의 직접적 원인이 되는 것은 아니에요. 하지만 운동을 통해 자세를 교정하면 결국 내부 장기의 압박 감소와 혈류량 증가에 도움을 줄 수 있으니 생식기 건강에도 도움이 돼요.

난임 부부의 자연임신 기적

그동안 많은 난임 여성에게 인공수정과 IVF를 많이 권했을 텐데요. 고도의 보조생식술을 동원해야만 임신할 수 있는 경우가 그토록 많은가요.

부부가 모두 정상인데, 타이밍을 못 맞춰서 임신이 잘 안되는 경우가 의외로 많아요. 자연임신은 정말 절묘한 타이밍에 정자와 난자가 만나야 하거든요. 또 문제가 있다고 해도 자연임신이 될 수 있는 부부도 많아요. 다만 여성의 임신 능력은 나이가 들수록 그 한계가 생기는 데다가 임신의 유지와 건강한 아기의 분만 역시 나이의 영향을 받을 수밖에 없으니 임신을 결심했다면 더 빨리 임신하는 게 나으니 난임 시술도 고려해야 하는 거죠.

검사상 자연임신이 안 되는 부부라면 자연임신을 포기해야 하는 건가요.

그렇긴 해도 모든 게 100% 된다, 안된다는 없는 것 같아요. 기억에 남는 환자가 있어요. 자궁난관조영술 검사에서 양쪽 나팔관이 모두 막힌 것으로 결론이 나왔어요. 나팔관은 배란된 난자가 정자를 기다리는 곳이니까 이곳이 막혀 있으면 정자와 난자가 만날 길이 없어요. IVF라면 모를까 자연임신으로도, 인공수정 시술로도 임신을 기대할 수 없죠. 그런데 그분이 자연임신을 한 거예요. 그러니 나팔관 검사에서 막혔다고 해서 100% 막힌 거로 볼 수 없는 거죠. 모든 검사가 다 그래요.

나팔관이 막혔는데 어떻게 자연임신이 되었나요.

그러게요. 그분은 IVF에서도 여러 차례 실패했고, 복강 내 수술을 한 적이 있는데 수술하면서 나팔관이 다 막혔다는 판명을 받았어요. 그런 분이 다시 IVF를 시작하려고 왔어요. 시술을 위해 주사제를 처방하면서 의례적으로 하는 임신 테스트를 해보려는데 '나팔관이 양쪽 다 막혔는데 무슨 임신이 되었겠어요'라며 안 하려고 하더라고요. 그런데 자연임신이 되어 있었던 거죠. 질 초음파로 보니까 자궁에 배아가 착상된 지 6주 정도 되어 보이더라고요.

어떻게 자연임신을 한 건가요.

배란일 때 부부 관계를 한 것이 임신이 되었더라고요. 제가 그분에게 자궁 내 유착을 확인하기 위해 자궁내시경검사를 했는데, 수술 후 유착 방지제를 발라야 하니까 '잠자리는 하지 마세요'라고 했거든요. 그런데 그때가 배란일 즈음이었나 봐요. 나팔관이 막혔으니까 임신이 될 리 없다고 생각하고 부부 관계를 했나 보더라고요. 자궁나팔관 조영 촬영에서 양쪽 나팔관이 막혔다는 결과가 나왔던 게 실제 막혀서가 아니라 나팔관의 일시적인 경련 수축 때문에 조영되지 않았을 수도 있어요. 복강 내 수술을 할 때 나팔관이 막혔다는 판명을 받은 것 역시 수술로 인한 일시적인 손상이나 조직의 과도한 부기 때문일 수 있고요. 그래서 모든 나쁜 검사 결과가 임신 불가능을 의미하는 것은 아니에요. 반대로 모든 좋은 검사 결과가 임신이 잘 된다는 보장도 아니죠. 나팔관 검사가 정상이라는 것은 정자가 헤엄쳐 갈 수 있는 길이 뚫렸다는 것이지 나팔관이 잘 기능해 난자를 이동시키고 만들어진 배아를 잘 이동시키는 기능이 원활함을 장담하는 것은 아니니까요.

뭐든 절대로 안 되는 건 없나 봐요.

그런 것 같아요. 자연임신이 불가능할 정도로 정자 수가 적다고 해도 완전히 제로가 아닌 다음에는 자연임신이 될 수가 있는 거예요. 하지만 빠른 임신을 원하는 부부에게 통계적으로 말해 줘야 하니까 '자연임신이 힘들다'라고 하는 거죠. 난임 부부에게 검사 결과를 놓고 무조건 '안 된다'라고 말할 수는 없는 거죠.

임신은 운명이고 기적인 것 같습니다. 50대 후반인데 IVF로 임신해서

출산했다는 기사를 접하면 놀랍더라고요.

언론 기사에서는 자세하게 안 나오겠지만, 50대부터는 난자 공여로 IVF를 했을 가능성이 커요.

생체 자궁 이식 통한 임신

난자 공여로 IVF를 한다고 해도 자궁은 본인 것일 텐데, 폐경이 된 이후에도 자궁이 배아를 착상시키고 키워낼 수 있나요.

자궁은 되돌릴 수 있어요. 몇 년 전에 유럽에서 생체 자궁 이식에 성공했고, 그 자궁으로 아기를 낳았다는 뉴스를 봤어요. 선천적으로 자궁이 없는 여성이 폐경이 된 자궁을 이식받았더라고요. 폐경이 된 자궁에 호르몬을 투여해서 사이즈를 키우는 데 성공하고서 선천적으로 자궁이 없는 여성에게 이식한 거죠. 그 자궁으로 임신에 성공했고요. 이식받은 여성은 자신의 난소에서 난자를 정상적으로 키우고 채취해서 IVF를 진행했어요. 자신의 난자로 남편의 정자와 수정된 배아를 이식받은 거였어요. 최근에도 자매간에 생체 자궁 이식에 성공했더라고요.

폐경이 되면 자궁이 쪼그라들었을 텐데 부피를 어떻게 키우나요.

조기 폐경된 자궁을 보면 밤톨만 해져 있어요. 하지만 6개월 이상 호르몬제를 복용하면 사이즈가 늘어나요. 폐경이 된 여성의 자궁이 전처럼 완벽하게 기능할 수는 없지만 에스트로겐과 프로게스테론 호르몬을 반복 투여하면 어느 정도 역할을 할 수 있어요. 호르몬주사를 맞거나 약제를 복용하면 자궁 사이즈가 달라지고 자궁내막도 자라요. 수정란이 착상만 된다면 호르몬을 투여해서 임신을 유지할 수 있어요. 문제는 수정란이죠.

자매간이라도 다른 사람의 장기를 이식하면 리스크가 있지 않나요.

세계 최초의 자궁 이식은 2002년 성공했는데 면역거부반응 때문에 혈전이 생겨 결국 3개월 만에 다시 적출해야 했어요. 그 후 꾸준한 연구가 있었고, 2011년 뇌사자(사망자)의 자궁을 이식받은 여성이 18개월 후 냉동 배아 이식을 통해 처음으로 임신에 성공했어요. 하지만 초기에 유산되었죠. 이식 자궁을 통한 IVF로 분만까지 성공한 것은 2014년 스웨덴에서가 처음이랍니다. 이때는 친정어머니의 자궁을 이식해서 분만까지 성공했어요. 그 이후 전 세계에서 살아 있는 사람 또는 뇌사자의 자궁을 기증받아 자궁 이식을 시도하고 있는데 2021년까지 학계에 보고된 제왕절개를 통한 출산까지 성공한 것은 20케이스 남짓이에요. 장기이식수술이라는 것이 만만한 게 아닌 데다가 장기간 면역억제제를 써야 하죠. 하지만 모든 걸 감수하고도 내 자궁에 아이를 갖고 싶어서 이 수술을 했겠죠. 자식을 낳고 싶은 여성의 간절함은 정말 눈물겨워요.

정자와 난자가 건강해야 수정란(배아)도 건강하지요.

그렇죠. 너무 고령(50대)이라면 자신의 난자로는 힘들어요. 해외 토픽에 60대가 딸의 대리모를 해줬다는 기사를 봤는데, 결국 딸의 난자와 사위의 정자를 수정시킨 배아를 자궁 내에 이식해 착상된 거예요. 어머니는 폐경이 되었지만 착상된 이후에 호르몬을 다량 투여해서 임신을 유지하게 한 거죠. 하지만 대리모는 법적, 윤리적, 종교적으로 문제가 되는 경우가 많아서 자궁 이식을 시도하는 국가가 점점 늘고 있어요. 가까운 중국에서도 이식된 자궁을 통한 출산이 성공했죠. 반면 우리나라는 아직까지는 시도되지 않은 이식 수술이기도 하고, 솔직히 전문의로서 아직은 별로 권하고 싶지 않아요. 앞에서 말했듯이 다른 장기이식처럼 수술 후 면역억제제를 장기적으로 투여해야 하는데 아직은 이것이 태아에 미치는 영향에 대한 연구가 부족한 편이에요. 물론 케이스가 많아지고 연구가 충분히 되고 우리나라에서도 장기이식수술 경험이 많은 전문의들이 나타난다면 그때는 이야기가 달라지겠죠.

40대가 되면 난소에 난자가 평균적으로 어느 정도 남아 있나요.

사람마다 달라요. 실질적으로 폐경이 된 직후에는 난소 안에 난자가 많게는 1000개 남짓 남아 있을 수 있어요. 하지만 대부분 염색체 이상이라고 봐야 해요. 무엇보다 매달 난포를 키워서 배란시키는 역할을 난소가 제대로 하지 못해요. 그러니까 폐경이 되는 거죠.

조기폐경이 되는 여성도 많더라고요.

맞아요. 매달 생리를 하면 조기폐경은 남의 일이라고 생각할 수 있는데 생리주기(평균 26~35일)가 점점 짧아지면서 불규칙해진다면 젊은 나이라도 난소기능이 급격히 떨어질 가능성이 있어요. 산부인과에서 난소기능 검사를 꼭 해봐야 해요. 지금은 결혼을 미루고 있더라도 아기를 안 낳을 게 아니라면 난소와 자궁을 체크해야 하고, 임신하겠다면 한 해라도 빨리 시도하는 게 좋아요.

아이 원하면
몸의 스트레스부터 없애세요

원형재 원장
사랑아이여성의원

1970년생. 연세대 의대 졸업. 연세대 의과대학원 졸업.
강남차병원 산부인과 여성의학연구소 조교수. 현 사랑아이여성의원 대표원장

#환자의 스트레스와 울기(鬱氣) 풀어주는 경청
#원인 없는 임신 실패는 없다 #임신이 잘 되는 몸

2020년 한국 여성의 합계 출산율(출산 가능한 여성의 나이인 15세부터 49세까지를 기준으로, 한 여성이 평생 낳을 수 있는 자녀의 수)은 0.84명으로 해마다 크게 줄고 있다. 사회적으로 출산을 기피하는 풍조가 만연한 탓이다. 저출산이 빠르게 진행되면서 우리나라의 총인구가 줄어드는 인구 감소 시점이 당초 예상했던 2028년에서 2024년으로 앞당겨질 수 있다는 전망도 나오고 있다.

이런 저출산 시대라고 하지만 아기를 간절히 갖고 싶어 하는 부부도 많다. 임신에 어려움을 겪는 난임 부부들이다. 이들이 적절한 치료를 통해 임신에 이를 수 있다면 사회문제가 되고 있는 저출산 해소에도 어느 정도 기여할 수 있다. 실제 건강보험심사평가원 자료를 보면 2020년 한 해 동안 시험관아기 시술IVF이나 인공수정 등 정부의 난임 의료비 지원을 받아 태어난 신생아가 2만8699명으로, 전체 신생아의 10.6%에 달했다.

스트레스와 울기(鬱氣) 풀어주는 경청

우리나라의 난임 치료 기술은 난임 부부가 인공수정이나 IVF 등으로 임신에 이르는 비율이 세계 1위일 정도로 뛰어난 수준이다. 원형재 사랑아이여성의원 원장은 기술도 중요하지만 고통받는 환자의 마음까지 헤아리는 섬세한 감성과 자세가 난임 전문의에게는 꼭 필요하다고 강조한다. 아이를 낳지 못하면 무조건 여성을 탓하던 과거 풍조는 많이 사라졌다지만 난임의 고통은 여전히 여성들에게 더 크고 아프게 다가 오기 때문이다. 그래서 그의 주특기도 경청이다.

환자와 늘 길게 대화하는 특별한 이유가 있나요.

환자에게 쌓인 스트레스와 울기(鬱氣)를 다 풀어내야 해요. 평소 수다로 스트레스를 풀던 여성이라도 난임 사연은 다른 사람에게 말하기 힘들 거예요. 혼자 전전긍긍하다 임신에 실패하면 자괴감에 빠지게 되고 '내가 아이를 갖지 못하는 몸인가' 하는 두려움으로 자존심에 상처를 입어요. 돈을 못 벌고, 사회적으로 성공하지 못하고, 시험 성적이 부진한 것과는 비교할 수 없는 큰 상처예요. 울분이 쌓이고 좌절감에 계속 휩싸이면 더 임신이 안 되는 몸이 되어가요. 난임 이유의 상당수가 원인 불명이에요. 특별히 임신 안 될 이유가 없는데 난임인 거죠.

이야기를 들어준다고 해서 임신이 되는 건 아닐 텐데요.

여성의 몸은 임신이 잘 되도록 저절로 호르몬 분비와 대사가 이뤄지는데, 그 과정을 흐트러뜨리는 여러 원인이 주변에 있어요. 환자 이야기를 경청하면서 해결의 실마리를 찾는 거죠. 경청이 의학적 치료 못지않게 큰 역할을 해요. 환자들이 대화를 통해 무의식 속에 쌓여 있던 스트레스와 불만족을 발산하면 몸과 마음이 시원해져요. 그러면서 자연스럽게 임신할 수 있는 최적의 조건으로 재정비가 되는 거죠.

스트레스는 과거에도 많았어요. 특히 19~20세기에는 생명에 위협을 받는 전쟁도 겪어야 했고요. 그래도 지금처럼 출산율이 낮지는 않았는데요.

오히려 전쟁 등 생존을 위협하는 위기와 공포, 두려움이 극에 달하면 수태 의지가 상승합니다. 언제 죽을지 모르는 극한 상황에 몰리면 도리어 생식기능이 더 좋아진다는 연구 결과도 있어요. 실제로 위기 때는 자손을 번식시키려는 의지가 더 강해져요. 여성의 배란도 상황에 따라 극적인 변화가 있을 수 있고요. '황체기 배란'이라고 들어보셨어요? 일반적으로 배란기는 생리와 생리 중간 즈음인데, 황체기(배란 이후)에 또 배란되는(한 달에 두 번 배란되는) 일도 있을 수 있어요. 여성의 몸에 위기 상황이 오면 한 번이라도 더 배란시키려는 시스템이 작동하는 거예요. 인간의 몸이 교과서처럼 단순하지 않다는 증거입니다.

여성의 몸이 신비하네요.

여성은 신이 만들어낸 작품이에요. 어머니가 되도록 신이 특별한 몸을 만들어주셨어요. 위대하고 경이로워요. 기적을 스스로 만들어냅니다. 마치 신이 여성의 몸 안에 있는 것 같아요. 의학적으로 정말 힘든 여성인데 임신이 되는 경우가 있어요. 의사가 포기했는데 당사자는 끝까지 가능성이 있다고 믿고 노력한 거죠. 의학이 여성이 가진 불굴의 의지와 도전에 굴복할 때가 종종 있어요. 임신의 세계에는 '절대로'가 없더라고요. 난임은 있을 수 있어도 불임은 없는 거죠.

자식을 낳는 것이 운명과 노력, 어느 쪽이라고 생각하세요.

운명적인 부분도 무시할 수 없어요. 하지만 노력도 무시할 수 없다고 자신합니다. 조선 시대 여인들은 나팔관이 막힌 것만으로도 불임이었을 겁니다. 나팔관에서 정자와 난자가 만나서 수정이 되어야 하니까요.

요즘은 정자와 난자가 나팔관에서만 만나지 않고 체외에서 수정이 되는 세상이지 않습니까. IVF는 인류가 해낸 경이로운 도전입니다. 또 어지간한 임신 방해 요인은 의술로 극복되고 있고요.

요즘 난임 이유의 50%가 원인 불명이라고 하더군요. 원인이 없다는 건가요, 원인을 찾을 수 없다는 건가요.

원인이 없는 임신 실패는 없습니다. 원인이 왜 없겠어요. 난임의 원인을 찾을 수 없기 때문이지요. 임신 과정은 교과서보다 더 섬세하고 복잡해요. 임신에 성공하려면 정자와 난자가 만나야 하고, 수정이 되어야 합니다. 그리고 자궁에 착상이 되어야 해요. 물론 건강한 아기를 출산하려면 몇 가지가 더 갖춰져야 합니다. 배아도 건강해야 하고요. 난임 시술은 임신을 시켜주는 게 아닙니다. 인공수정술은 정자와 난자가 나팔관에서 만나게끔만 해줘요. 반면 IVF는 체외에서 수정까지 해주고요. 보조생식술이 해줄 수 있는 건 여기까지입니다. 자궁에 배아를 성공적으로 착상시키는 일은 당사자가 해내야 합니다. 겉으로 보이는 객관적인 자궁과 배아 상태만으로는 예측하거나 설명할 수가 없어요.

산부인과와 친해져야

난임 부부의 수가 너무 많아지고 있습니다.

늦은 결혼이 가장 큰 원인입니다. 여성은 35세가 넘으면 수태력이 떨어지거든요. 난소기능 저하, 각종 생식기 내 질환 등 임신 방해 요인이 하나둘씩 생겨요. 하지만 저는 난임 인구가 늘고 있는 이유를 조금 다른 시각에서 분석하고 싶어요. 여성들이 생식기에 이상 징후가 보여도 좀처럼 산부인과에 가지 않습니다. 이를테면 생리주기가 너무 짧아지거나 길어지면, 또 생리통이 계속 심하면 진찰을 받아야 해요. 심지어 생리를 1년에 서너 번밖에 하지 않는데도 산부인과에 가지 않아요.

솔직히 산부인과를 찾는 게 쉽지는 않죠.

미혼 여성은 그렇다고 쳐도 임신을 기다리는 기혼 여성조차 배란일을 체크하면서 산부인과에 가서 초음파 검사를 해볼 생각을 하지 않아요. 체온계, 배란 테스트기와 스마트폰 앱만 놓고 계산합니다. 교과서처럼 몸이 간단하지 않은데 그걸 모르는 거죠. 산부인과에 가서 초음파 검사를 하면 난소에서 난포 사이즈, 자궁내막 두께 등으로 배란일을 정확하게 받을 수 있고 또 다른 임신 방해 요인이 빨리 체크가 될 텐데…, 안타까워요.

일반 산부인과와 난임 전문의료기관의 차이는 뭔가요.

내과에 내분비내과, 소화기내과, 심장내과 등의 파트가 있듯이 산부인과도 난임 전문이 있어요. 우리나라 사람들은 난임 전문의료기관 문턱을 높게 생각하는데, 선입견 때문입니다. 요즘은 35세를 넘겨서 결혼하는 남녀가 많아요. 재혼일 경우 더 고령일 수 있고요. 특히 여성이 35세가 넘었다면 정상적 부부 생활을 6개월간 해보고 임신이 안 되면 바로 난임 전문의료기관을 방문해야 합니다. 빠를수록 좋아요. 난임 전문의료기관이라고 해서 무조건 난임 시술을 권하지 않아요. 배란일을 체크하며 자연임신부터 도와줍니다. 정확한 배란일을 알면 임신이 한결 수월해져요.

요즘 여성들에게 무월경, 희발월경인 경우가 꽤 있던데 원인이 뭔가요.

다낭성난소증후군 때문일 수 있고, 무리하게 체중 감량을 해도 그럴 수 있어요. 우선 다낭성난소증후군은 아직 정확한 발생 원인이 밝혀지지 않은 복합성 증세지만, 여성 몸에서 혈당조절 호르몬(인슐린)의 효율이 떨어져 생식호르몬 분비 대사에 이상이 생기고 배란 불균형으로 이어진 상태입니다. 배란 불균형으로 인한 희발월경, 무배란으로 인한 무월경으로 이어질 수 있어요. 비만이면서 생리주기가 길고 다모증, 여드름이 많은 여성이라면 의심해 봐야 해요. 생리가 끊어지거나 1년에 서너 번 하거나 생리주기가 50일 이상이라면 미혼 여성이라도 체크해 봐야 합니다. 다낭성난소증후군, 자궁근종, 자궁선근증, 자궁내막증 등이 발견되는 사례가 많아요. 심지어 자신이 조기폐경될 위기의 여성이라는 걸 난임이 되어서야 알게 됩니다. 자궁 모양이 기형적이라는 것도 산부인과에 가서 검사하기 전에는 알 수가 없는 거죠.

자궁 기형과 임신

자궁 기형이란 어떤 상태를 말하는 건가요.

크게 단각자궁, 쌍각자궁, 중격자궁*septate uterus*이 있어요. 대표적으로 중격자궁이 가장 많죠. 자궁내막 안에 격막이 존재해서 마치 자궁 지붕에 막이 쳐 있는 듯한 모양으로, 이는 자궁이 형성되는 과정에서 외형적으로는 정상이지만 가운데 융합된 조직의 흡수가 이루어지지 않아 자궁 내강에 칸막이 같은 벽이 존재해 생긴 기형입니다. 따라서 자궁이 완전히 둘로 나눠지지는 않았지만 분리되어 있는 상태입니다. 쌍각자궁은 자궁 방이 두 개인 거예요. 단각자궁은 작은 자궁(일반 자궁의 절반 이하 사이즈) 방이 하나인 경우고요.

자궁 기형인 경우는 임신이 힘든가요.

쉽지는 않아요. 중격자궁의 경우 자궁내시경을 통해 적절한 치료로 임신 성공률을 높일 수 있어요. 반면 쌍각자궁과 단각자궁은 임신하기가 여간 힘들지 않아요. 임신해도 유산율, 조산율이 높은 편이에요.

'임신이 잘 되는 몸'이 되려면 어떤 노력을 해야 합니까.

스트레스가 없는 몸 상태를 만들어야 하는데, 우선 혈액순환이 잘 되어야 해요. 생식기능은 혈액순환이 기본입니다. 난소와 자궁으로 혈류 공급이 잘 되어야 합니다. 너무 책상 앞에만 앉아 있지 말고 자주 걸어야 합니다. 잠도 푹 자고, 몸을 긴장시키지 말아야 해요. 임신을 위해 착상식이니 착상탕이니 하는 걸 유별나게 챙기지 않아도 됩니다. 임신에 집착하는 순간 임신이 더 안 되는 몸이 돼요. 집착하다 보면 우울해져서 생식기능이 더 떨어집니다. 만화영화 여자 주인공들 떠올려보세요. 씩씩하고 용감하잖습니까. 의심 없이 잘 믿고 밝고 낙천적인 환자들이 임신이 잘 되더라고요.

왜 생리 중일 때 질식 초음파 검사를 하나요

◆
◆
◆

난임 검사를 할 때나 난임 시술을 시작할 때 생리 2~3일째는 아주 중요합니다. 여성은 생리 시작이 몸에서 생식체계가 리셋(reset)되는 시점이기 때문입니다. 생리 5일 이후가 되면 자연 배란 시스템이 작동해요. 따라서 그전에 주사나 약을 사용해서 난임 전문의가 의도한 대로 난임 치료를 이끌 수 있기 때문에 생리 2~3일째 방문하라고 하는 것입니다. 검사의 기준점이 바로 이때라야 하는 것이지요. 피임약 처방도 생리 2~3일째가 기준인 것도 이 때문입니다.

다만 누구나 무조건 생리 2~3일째에 방문해야 하는 건 아닙니다. 생리주기에 따라 다를 수 있어요. 생리주기가 24~26일로 빠른 사람(난소기능 저하 등)은 반드시 생리 2~3일째에 가야 하지만, 다낭성난소증후군일 경우에는 생리 5~6일째에 방문해도 됩니다.

얼굴이 다르듯
난임 원인도 다 달라요

정다정 · 김나영 원장
에이치아이여성의원

정다정 원장
연세대 의대 졸업. 연세대 의대 석사. 연세대 세브란스병원 생식내분비 전임의.
미즈메디병원 난임클리닉 진료과장. 현 에이치아이여성의원 원장

김나영 원장
연세대 의대 졸업. 미국 코넬대 MOLECULAR BIOLOGY LAB 연구 전임의.
미국 시카고 의대 RFU(반복착상부전 및 습관성유산 클리닉) 임상 전임의.
삼성서울병원 생식내분비 전임의. 을지대학교 의과대학 조교수.
미즈메디병원 난임클리닉 진료과장. 현 에이치아이여성의원 원장

#몸 상태, 생활 습관 고려한 맞춤 치료
#임신 위해선 타이트한 식이조절 필요
#평소 생리량, 월경통 체크 습관 중요
#건강한 난자와 정자 만드는 7가지 생활 수칙

"의사가 친절하게 설명해 주는 것까지는 바라지도 않아요. 제 고민을 들어줬으면 좋겠어요. 기계처럼 언제 다시 오라는 말뿐 왜 실패했는지, 앞으로 어떤 노력을 더 해야 하는지 말해 주지 않으니 답답해요."

"희박한 가능성을 부풀려 듣고 싶은 건 아닌데, 난소기능이 너무 안 좋아서 해봐도 안 될 텐데 하는 느낌을 주는 의사들…. 그들의 표정과 말투에 더 지치고 힘들어요."

난임 환자들이 즐겨 찾는 온라인 커뮤니티엔 이런 하소연이 끊이지 않는다. 2017년 10월부터 난임 시술이 건강보험급여 적용이 되면서 금전적인 부분은 한시름 내려놓게 되었다고 해도, 임신에 성공하기까지의 치료 기간과 시술에 대한 부담감까지 해결된 것은 아니다. 임신에 성공하기까지 절박함을 오롯이 홀로 견뎌내야 한다. 그래서 난임 환자들에게는 의사의 말 한마디, 표정 하나가 큰 위로가 되기도 하고 상처가 되기도 한다. 섬세한 원인 분석과 친절한 설명으로 환자들에게 신뢰감을 주는 난임 전문의료기관이 난임 환자들 사이에서 입소문이 나는 이유이기도 하다.

물론 난임 전문의료기관을 찾는 최종 목표가 임신인 만큼 임신 성공률도 중요하다. 정다정 에이치아이여성의원 원장은 "의사의 시술 경험과 스킬도 중요하지만 사람 얼굴이 저마다 다르듯, 사람마다 다른 난임 원인을 찾는 데 집중하고, 필요한 검사를 빠뜨리지 않는다면 누구나 임신에 이르는 길은 있다"고 말한다.

몸 상태, 생활 습관 고려한 최적의 맞춤 치료

최근 의료 분야에서 유행하는 말이 '맞춤 치료'다. 난임 전문의료기관도 예외가 아니다. 그런데 시험관아기 시술IVF은 나이와 난소 상태에 맞게 적절한 과배란 주사량을 사용해서 적당한 개수의 난자를 키워내고 이를 채취해 정자와 수정시킨 후 자궁 내 이식하는 것인데, 어떤 맞춤형 진료를 한다는 것일까. 김나영 원장은 "난자를 잘 키워내고 착상 환경을 좋게 하려면 여성의 몸 상태와 생활 습관까지 고려해서 최적의 맞춤형 처방을 찾으려는 노력이 필요하다"고 강조했다.

"저 같은 경우, IVF를 여러 차례 실패하고 우리 병원을 찾는 경우 이전 차트를 최대한 꼼꼼하게 리뷰해요. 환자는 조급한 마음에 바로 시술을 시작하길 원하지만 저는 이번 시술이 환자에게 마지막 시술이 되어야 한다는 마음으로 환자 상태를 살펴보는 거죠. 이번에 꼭 임신이 될 수 있도록 직업이나 생활 방식, 식이 습관, 수면량 등을 체크해서 개선 여지가 있는지 찾아봅니다. 대부분의 난임 부부가 난임만의 문제를 갖고 있지 않아요. 기본적으로 건강상태가 좋지 않거나 스트레스와 수면 문제를 포함해 현재 몸 상태에 문제가 있어요. 그런 원인을 개선하면 난자와 정자의 질이 달라지거든요."

IVF를 서너 차례 해도 임신이 안 되는 부부들에게 내과 검사를 권하는 이유이기도 하다. 아직 '성인병 단계'는 아니더라도 '경고 단계'라면 간과해선 안 되기 때문이다. 김 원장은 "어떠한 질환이든 경고 단계에 해당한다면 치료와 더불어 운동 및 식이와 수면 습관 등을 반드시 개선해야 임신율이 높아질 수 있다"고 강조했다. 남성도 예외가 아니다.

"통계적으로 과거에 비해 정자 상태가 좋지 않은 남성이 늘어나고 있습니다. 정계정맥류 등 특정 질환이 없는데도 정액검사 결과가 좋지 않은 분들은 내과적 질환이 동반된 경우가 많아요. 내당능장애나 지방간, 고지혈증, 수면장애 같은 질환의 경우 이 부분을 개선하면 대부분 정액검사에서 호전을 보입니다. 수정란 역시 등급이 높아질 수 있고요."

보조생식술의 꽃은 배양 기술력에 있다. IVF는 정자와 난자가 수정되어 세포분열이 되고 착상 확률이 높을 만한 배아를 잘 선발하는 과정이 모두 몸 밖 배양실에서 이뤄진다. 배양 기술력을 거론할 때 최신 시설보다 경험을 더 중요하게 여기는 이유다.

정다정 원장은 "난자를 채취한 날 오후에 수정 작업이 이뤄지는데, 난자 성숙도에 따라 환자마다 다르게 수정 타이밍을 잡는 게 중요하다. 난임 환자들의 임신 성공률을 조금이라도 더 높이기 위해 늦은 밤까지 고생하는 연구원들의 헌신도 알아주었으면 한다"고 당부했다.

식색성야(食色性也)

식색성야(食色性也)라는 말이 있다. 식욕과 성욕은 선천적인 본성이라는 것이다. 또한 식(食)과 색(色)은 비례관계라고 한다. 잘 먹어야 생식능력이 왕성하고, 생식능력이 왕성한 사람이 잘 먹는다. 그렇게 따지면 요즘처럼 잘 먹는 시대도 없는데 리비도(성욕)와 수태 능력은 기대 이하 수준일까. 너무 잘 먹고, 많이 먹어서다. 과식과 폭식, 고탄수화물, 고지방 식사로 이어지는 생활 방식이 성인병으로 가는 지름길임은 물론이고 오히려 리비도를 떨어뜨리고 임신 능력을 저하시키고 있다.

김나영 원장은 "당화 혈색소나 콜레스테롤 수치가 높은 경우 등의 내과적 문제가 있을 땐 타이트한 식이조절을 해야 한다"면서 "특히 여성들은 파스타, 떡볶이 등 너무 많은 탄수화물을 섭취하는 경향이 있다. 임신을 위해서는 탄수화물 섭취를 줄이고 채소 위주 식단으로 바꿔야 한다"고 경고했다.

탄수화물은 뇌에서 필요한 가장 중요한 에너지원이지만 과잉 섭취하면 콜레스테롤 형태로 몸에 저장되어서 뱃살이 늘어나게 된다. 여성의 복부비만은 남성호르몬 증가로 이어져 급기야 호르몬 불균형을 초래할 수 있다. 따라서 임신을 원한다면 혈당을 급격히 높이는 탄수화물 섭취를 줄여야 한다. 균형이 맞지 않는 식습관으로 인해 고혈당 고지혈증 상태가 되면 생식세포의 질이 떨어질 수 있기 때문이다.

평소 생리량, 월경통 체크 습관 중요

정다정 원장은 "임신하는 데는 배아가 중요하다. 하지만 포기하지 않으면 반드시 좋은 배아를 만날 수 있다. 문제는 자궁이다. 자궁 내 질환이 심하면 아무리 좋은 배아라도 착상이 힘들다"며 "심한 자궁 내 질환은 100% 치료가 안 되고, 자궁내막이 유착되어 있거나 내막이 아예 망가져 있으면 더 힘들다"고 털어놓았다. 따라서 평소 생리량, 월경통을 체크하는 습관이 중요하다고 말한다. 또 외과적 수술을 하거나 질환을 치료할 때는 주의해야 한다. 자칫 난임의 불씨가 될 수 있어서다.

"출산 계획이 없더라도 난소와 자궁 쪽 수술은 신중해야 해요. 예를 들어 선근증 수술을 한 분들 중에는 자궁내막이 완전히 망가져서 복구가 힘든 경우도 많아요. 자궁과 난소 수술을 결정하기 전에 생식 내분비 전공인 의사(난임 전문의)의 판단을 들어보는 게 좋아요. 방사선치료를 받아야 하는 암 환자라면 난자를 동결해 놓는 걸 고려해야 하고요. 고령에 난소기능 저하라도 난자가 있고 자궁이 나쁘지 않다면 임신에 대한 희망을 가질 수 있어요. 또한 난소나 자궁에 질환이 있더라도 수술적인 치료를 통해서 임신을 기대해 볼 수 있답니다."

임신을 간절히 원하는 부부들에게 난임 의사의 정서적 지지와 조언이 중요하다. 정다정·김나영 에이치아이여성의원은 말한다.

"의사와 난임 부부는 임신을 목표로 한 하나의 팀이에요. 난임으로 힘들어하는 환자에게 병원마저 어려운 곳이 되어서는 절대로 안 되겠지요. 조금이라도 더 환자를 위해 해줄 수 있는 것이 무엇일까를 함께 고민하는 마음이 임신율을 높이는 데 영향을 주고 있다고 믿어요."

건강한 난자와 정자 만드는 7가지 생활 수칙

1. 자야 할 시간에 푹 꿀잠 자기

2. 2시간 이상 과한 운동 NO. 몸 가벼워지는 운동 YES

3. 컴퓨터 앞 지킴이와 스마트폰 홀릭 NO

4. 자신만의 스트레스 관리법 개발하기

5. 단백질, 채소 위주의 식단 YES

6. 부부는 한 팀! 정서적 지지는 필수!

7. 담당 의사의 의학적 소신 300% 이상 신뢰하기

건강하고 질 좋은 난자 키우는
주사 요법

윤지성 원장
서울 아가온여성의원

1970년생. 서울대 의대 및 동 대학원 졸업. 서울대학교병원 산부인과 전공의.
서울마리아병원 진료과장. 마리아플러스 진료부장. 마리아심신의학센터 소장.
현 서울 아가온여성의원 원장

#자연주기 요법과 저자극 요법
#장기 요법과 길항제 요법의 장단점
#난임 전문의는 해결사 아닌 조력자

시험관아기 시술*IVF*은 난임 치료 역사에서 최고의 쾌거라 할 수 있다. 인간의 체내 생식기관(나팔관)에서 만나 수정되는 정자와 난자를 몸 밖(배양접시)에서 수정하고, 배아를 체내 나팔관 환경과 거의 비슷한 환경인 배양 인큐베이터에서 착상 시도 직전까지 배양한 후 자궁 내로 이식하는, 그야말로 획기적인 치료법이기 때문이다. 덕분에 여러 가지 이유로 배란 장애, 수정 장애 등을 겪던 난임 부부들이 임신에 성공할 수 있게 되었다.

IVF에서 착상 성공(임신)뿐 아니라 출산까지 무사히 이끄는 가장 큰 핵심은 건강한 난자와 정자의 수정, 즉 건강한 배아 생성에 있다. 특히 난자는 나이, 난소 상태 등에 따라 한정적으로 자라므로 질 좋은 난자를 여러 개 확보하는 것이 1차 관건이다. 그렇다 보니 과배란 주사를 무리하게 투여해 한 번에 너무 많은 난자를 키워내게 되어 자칫 난소 과자극이 문제가 되기도 한다.

반면, 난소가 나이에 비해 노화되고 보유 난자 수가 적은 경우는 과배란 주사를 맞거나 배란유도제(경구용)를 복용해도 난자가 자라지 않아서 여간 힘들지 않다.

이런 경우에는 난소에 무리한 자극을 주기보다는 자연 그대로의 힘*nature*에 기대하는 '자연주기 요법 IVF', 쉽게 말해서 과배란 주사를 맞지 않고 난소에서 스스로 성장한 단 한 개의 난자를 채취해서 체외수정을 시도하는 방법도 있다. 일각에서는 IVF에서는 여러 개의 난자를 채취해서 그중 퀄리티가 좋은 난자를 찾아내 시도해도 성공할까 말까인데 인체 스스로 키운 단 한 개의 난자로 과연 체외수정과 임신에 성공할 수 있을까 하는 회의적인 시각도 적지 않다.

국내 난임학계에서 자연주기 요법 시험관아기 시술*Natural cycle IVF*과 저자극 요법 시험관아기 시술*Mild IVF*에 대한 임상 경험이 풍부한 것으로 손꼽히는 윤지성 서울 아가온여성의원 원장에게 난자를 키워내는 다양한 주사 요법에 대해 들어봤다.

자연주기 요법 IVF

IVF에서 처방하는 과배란 주사는 어떤 것인가요.

제품마다 조금씩 다른 성분이 포함되어 있지만, 난포자극호르몬*FSH*이 주성분인 주사제입니다. FSH는 인체에서 난자를 키울 때 뇌하수체에서 분비되는 호르몬인데, IVF에서는 주사제로 몸에 투여하는 거죠.

IVF에서는 과배란 주사를 통해 많은 난자를 키우고, 그것으로 많은 배아를 확보해야 그중에서 좋은 배아를 얻을 가능성이 높다고 알려져 있는데요. 자연주기 요법은 어떤 방법인가요.

말 그대로 '자연 그대로'입니다. 과배란 주사를 맞지 않아요. 매달 생리를 시작으로 여러 개의 난자가 자라지만 결국에는 한 개의 난자만이 배란되는데, 그걸 채취하는 거죠. 인체가 키우고 선발한 그 한 개에 기대를 거는 겁니다. 그동안 IVF는 과배란 주사를 매일 충분한 용량으로 맞아 가급적 많은 수의 난자를 채취하는 '다다익선의 원칙'에 충실했어요. 주사 맞는 시기와 방법에 따른 장기 요법, 단기 요법도 결국 질 좋은 난자를 더 많이 확보하려는 게 목적인 대동소이한 방법이라고 할 수 있죠.

과배란 주사 용량을 늘리면 더 많은 난자가 키워지고, 그래야 좋은 난자를 찾을 수 있는 것 아닌가요.

과배란 주사의 용량과 난소 반응이 꼭 비례하지는 않아요. 난자 수가 많다고 해서 질이 고르게 좋은 것은 아니거든요. 또 과배란 주사를 과도하게 사용하면 자궁내막, 즉 착상 측면에서 불리하게 작용할 수 있다는 다양한 증거가 쌓이면서 과배란 유도에 대한 인식이 변화하고 있어요.

질 좋은 난자를 키워내는 데는 무엇이 정답인가요.

천편일률적인 프로토콜이 아니라 환자 개개인의 상황에 맞춘 다양한 배란 유도법이 적용되어야 해요. 난자를 잘 키워내기 위해서 과배란 주사와 배란유도제를 같이 하는 저자극 요법도 있고, 아예 자연 그대로 난자를 키워내는 자연주기 요법도 있어요. 케이스 바이 케이스로 적용해야 하는 거죠.

주로 어떤 여성에게 자연주기 요법을 권하나요.

유방암, 난소암, 자궁내막암 등을 치료한 이력이 있어서 과배란 주사의 사용을 피해야 할 때라든지, 심각한 난소기능 저하로 과배란 주사를 최대 용량으로 맞아도 난포가 한 개 이상 증가하지 않는다든지, 과배란 주사에 대한 부작용이 있는 경우 자연주기 요법으로 IVF를 권해요.

난소기능 저하라는 것은 난소에 남은 난자도 얼마 없고, 난소 노화로 난소가 해야 할 역할(난자를 키우고 배란시키는 등)을 제대로 할 수 없는 상태인데, 과연 제대로 된 난자 한 개를 키워낼 수 있을까요.

극심한 난소기능 저하이신 분들은 자연주기 요법으로 배란을 유도할 때 분명히 한계가 있어요. 조기 배란, 공난포, 수정 실패, 비정상 수정, 배아 발달 정지와 같은 변수들이 있는 거죠. 그래서 난자를 한 개도 채취하지 못하거나, 채취해도 수정에 실패하는 등 결국에는 자궁 내로 배아 이식조차 시도하지 못하는 경우가 20~30%에 이르긴 해요.

난자가 확보되지 않으면 결국 배아 수도 적거나 없다는 것인데….

자연주기 요법에서는 어쩔 수 없는 일이에요. 그런데 자연주기 요법이 아니더라도 먹는 배란유도제만 사용하거나 과배란 주사 용량을 줄여서 난자 수가 적어지면 동결 배아가 확보될 확률이 낮아져요. 그렇게 되면 누적 임신율(난자 채취 한 번으로 신선+동결 배아 이식을 포함해 임신에 이르는 전체 확률)이 낮아질 수 있어요.

저자극 요법 IVF

최근에는 저자극 요법 IVF도 많이 하던데요. 배란유도제 복용과 과배란 주사를 같이 해서 난자를 키우는 방법이지요.

네 맞아요. 저자극 요법은 다낭성난소증후군과 같이 적은 용량의 주사 사용만으로도 충분한 난자를 확보할 수 있는 분들에게 권해요. 과배란 주사로 너무 많은 난자를 한 사이클에서 키워내서 난소과자극증후군이 생길 수 있거든요. 저자극 요법은 난소과자극증후군을 줄이는 효과가 있어요. 또 이와는 반대로 난소 저반응군에서는 고용량의 과배란 주사를 맞아도 난포가 잘 자라지 않을 때가 있는데 이 경우 자연주기 요법 전에 저자극 요법을 먼저 추천해 드리는 편입니다.

여러 난자를 키워내는 게 목적이 아니라면 몸이 자연스럽게 키워서 선발하는 한 개의 난자가 더 좋을 수 있지 않을까 싶기도 해요.

과배란 주사에 의해 억지로(?) 키워진 난자보다 자연의 선택을 받은 한 개의 우성 난포가 우월하다는 의견도 그 나름의 근거는 있습니다. 적절한 비유는 아닐 수 있지만 요즘 부동산 뉴스에서 자주 언급되는 '똘똘한 한 채'의 개념과 비슷하다고 할까요.

과배란 주사로 여러 난자를 키우는 것과 인체가 선발하는 단 한 개의 난자를 비교한다면.

'자연배란이 좋다' '과배란이 좋다'를 판단할 때 어디에 기준을 두고 비교할 것인지가 중요해요. 다태임신이나 난소과자극증후군과 같은 단기적인 부작용(다태임신은 쌍둥이를 원하는 부부에겐 부작용이 아닐 수 있지만, 의학적인 위험성을 높인다는 측면에서는 부작용의 하나로 분류된다), 과배란 주사가 중장기적으로 건강에 끼칠 잠재적인 위험성을 중요하게 생각한다면 자연주기 요법 IVF가 안전성이라는 측면에서 좋은 해결책이겠지요. 하지만 효율성(주기당 임신율, 누적 임신율)의 측면에서는 과배란 요법이 자연주기 요법보다 우위에 있습니다. 또 건강보험과 시술비 지원이라는 우리나라의 제도적 특수성을 고려하면 제한된 시술 횟수에서 최대의 임신 가능성을 얻기 위해 과배란 요법을 선택하는 것이 효율적이겠지요.

자연주기 요법 IVF를 난소기능이 저하되지 않은 여성에게도 권한다면요.

글쎄요. 여성의 나이가 젊고(만 35세 미만) 난소의 기능이 좋은데 난관 폐쇄, 희소정자증처럼 난임의 원인이 뚜렷한(체외수정만 시켜주면 착상에 문제가 없을 것이 확실시되는) 경우, 부부가 쌍둥이 임신을 원하지 않는 경우, 가급적 과배란 주사의 사용을 원하지 않는 경우라면 자연주기 요법이 좋은 대안이 될 수 있겠지요. 하지만 의료 현장에서 실제 만나는 난임 부부 중에서 이런 조건에 해당하는 경우는 매우 적어요.

장기 요법과 길항제 요법의 장단점

일반 IVF도 과배란 주사를 맞는 방법에 따라 장기 요법, 단기 요법 등 여러 방법이 있잖아요. 난임 전문의마다 선호하는 방법이 다르더군요.

표준 과배란 유도법Standard IVF의 대표 주자로 장기 요법과 단기 요법(정확하게는 길항제 요법)이 있어요. 장기 요법은 가장 오랜 역사를 가진, 안전성이나 효과 면에서 충분히 검증된 과배란 유도 방법입니다. 그런데 말 그대로 주사를 오래 맞아야 하는 번거로움, 난소기능이 좋은 분에게서 난소과자극증후군의 발생 위험이 상대적으로 높다는 점, 생리주기가 불규칙한 분에게는 적용하기가 쉽지 않다는 점 등으로 인해 최근에는 길항제 요법이 장기 요법보다 더 많이 사용되는 추세입니다.

장기 요법이 난자를 키워서 배란시키는 인체 생식기의 기능을 마비(호르몬 억제 주사를 통해)시켜 놓고 오로지 과배란 주사로만 난자를 키워내는 방식이라면, 길항제 요법은 인체 생식기능에서 과배란 주사로 FSH를 좀 더 보충하는 방식으로 난자를 키워낸다고 알고 있습니다. 장기 요법을 더 선호하는 난임 전문의들은 왜 그럴까요.

길항제 요법의 단점이 있긴 해요. 난포가 고르게 자라지 않고 일부만 빠르게 자라는 비대칭적 난포 성장의 가능성이 있고, 의사의 숙련도에 따라 과배란의 결과가 차이 날 수도 있거든요. 또 반복 착상 실패의 경우, 특히 자궁내막증·자궁선근증·자궁근종 등 부인과적 문제를 가진 경우는 장기 요법에서 사용하는 호르몬 억제 주사가 착상 확률을 높이는 좋은 대안이 될 수 있어서 환자에 따라 장기 요법을 권하기도 합니다. 장기 요법이 여전히 일부에서 장점이 발휘되기 때문에 좋은 과배란 방법의 하나로 사용될 여지가 있다는 점은 명백합니다.

자연임신의 기적

여성에게 생식학적 환갑은 몇 살이라고 보시나요.

물리적 나이와 별개로 실제 본인의 난소기능이 가장 중요한 것은 사실입니다. 30대여도 난소기능이 40대 이상으로 저하되어 있다면 서둘러야 하고, 반대로 30대 후반, 40대라 해도 난소기능이 좋다면 조금은 마음의 여유를 가질 수 있어요. 하지만 비슷한 난소기능을 가진 분이라 해도 물리적인 나이에 따라 임신율에서 확연한 차이를 발견할 수 있어요. '나이는 속일 수 없다'는 이야기나 어르신들이 흔히 말하는 '한 살이라도 젊었을 때 임신해라'는 충고는 일면 과학적 진실을 담고 있는 표현이죠.

난소를 회춘시킬 수는 없나요.

진료실에서 난소저반응군 분들에게 늘 받는 질문입니다. '난소에 좋다는 영양제 잘 챙겨 먹고, 규칙적으로 운동 열심히 해서 몸을 만들어 오면 다음 시술에 도움이 될까요?'라고.

어떻게 대답하나요.

'무슨 노력을 열심히 하더라도 시간을 거스를 수는 없어요'라고, '내 평생에 나의 난소기능은 지금이 가장 좋다는 사실을 기억하세요'라고 답변해 드려요. 또 '몇 살까지 임신이 가능한지, 선생님은 몇 살까지 임신시켜 보셨느냐'는 질문도 40대 이상 환자들에게 많이 받아요. 만 40세 이상이 되면 IVF를 하더라도 기대할 수 있는 임신율이 주기당 10~20% 이하로 현저히 낮아져요. 만 45세가 지나면 비록 난소의 기능이 예상보다 좋고 과배란 주사에 반응하더라도 실제 임신하고 나아가 출산에 이를 가능성은 더 줄어듭니다.

코로나19 팬데믹으로 시술을 잠시 중단한 고난도 난임(과배란 주사 차수로

7~8차 이상)**인 여성이 덜컥 자연임신이 된 경우가 꽤 많았다고 해요.**

임신의 과정에 대해서 많은 의학적 연구가 쌓여왔음에도 불구하고 아직 밝혀지지 않은 부분이 너무 많아요. 특히나 착상이라는, 임신의 가장 중요한 마지막 과정에 대해서는 너무나도 부족한 것이 안타까운 현실이죠. 실제 난임 시술을 수차례 반복했음에도 임신이 되지 않던 분이 덜컥 자연임신을 하고 찾아오는 경우를 드물지 않게 접하게 됩니다. 그분들은 '내가 지난달에 ○○을 열심히 먹었더니' '운동을 열심히 했더니'와 같이 스스로 납득할 수 있는 이유를 떠올리거나, 하늘의 뜻으로 받아들이기도 합니다. 물론 일면 진실일 수도 있지만 이런 접근 방법은 실천적으로 별다른 도움을 주지 못합니다. 난임으로 IVF를 받는 부부라 해도 임신 확률이 높지 않다는 것일 뿐 자연임신이 아예 불가능한 상황이 아니라면 당연히 자연임신에 성공할 수 있어요.

여성의 임신 시기가 늦어지는 것도 난임 이유 중 하나인가요.

임신은 부부 두 사람의 '공동 작업'이에요. 남성과 여성으로 구분하고 떼어서 생각할 수 없는 문제죠. 여성의 사회 활동으로 임신 시기가 늦어지고 스트레스로 인해 임신율이 떨어진다는 주장이 터무니없진 않지만, 지금의 현실을 살아가는 사람들에게 이런 주장은 별다른 설득력을 주지 못해요. 속 시원한 해결책을 내주지도 못하고요. 이러한 주장이 자칫 여성을 임신의 도구로 대상화하는 위험도 가지고 있습니다. 몇 년 전에 행정안전부에서 '대한민국 출산지도'라는 것을 발표해서 전국 지역별로 가임여성의 출산력을 비교한 자료를 공개한 어이없는 일이 있었어요. 저는 왜 결혼이 늦어지고 출산을 미루게 되는지에 대한 근본적 고민 없이 여성의 개인적 선택으로 임신할 적기를 놓치고 그 결과 난임이 증가하는 것처럼 포장하려는 시도에 대해서 분명히 반대합니다.

난임 전문의는 해결사 아닌 조력자

어떤 난임 전문의로 기억되고 싶은가요.

난임으로 찾아오시는 분들은 그 나름의 다양한 사연과 마음의 짐을 가지고 오십니다. 그분들의 사연에 끝까지 귀 기울이는 의사, 지식과 경험으로 최대한 도움을 줄 수 있는 의사가 되고 싶어요. 난임 전문의는 난임의 뚜렷한 원인이 있는지 찾아보고, 만약 이유가 발견된다면 이를 해결할 적절한 치료법을 권해야 합니다. 동시에 잘못된 지식이나 근거 없는 불안감을 갖지 않도록 지원해 줘야 하고요. 난임 전문의는 그들에게 긍정의 힘을 주고 임신에 이르는 시간을 줄여주는 '조력자'의 역할을 하는 셈이지요. 임신이 불가능한 상황을 되돌리는 '해결사'의 역할은 아니거든요. 난임으로 마음고생을 하는 한 부부가 난임 치료를 통해 임신에 이르는 여정에 함께하면서 도움을 준 '친절한 가이드'로 기억될 수 있다면 충분해요.

기억에 남는 환자가 있나요.

저에게 진료를 받다가 임신하신 분들이 홈페이지 게시판이나 손편지를 통해 가슴 뭉클한 감사의 인사나 소식을 남겨주시는 경우가 종종 있습니다. 물론 저 역시 무척 뿌듯하지만 한편으로 적어주신 표현에 따라 멋쩍은 기분 혹은 부담스러움을 느끼기도 해요.

윤지성 원장은 "난임을 진료하는 의사의 역할이 무엇인지 교과서에 이렇게 언급되어 있다"며 그대로 읽어줬다.

"첫째, 임신을 방해하는 원인을 찾고 이를 교정하는 일.

둘째, 임신과 난임에 관한 정확한 정보를 제공하는 일, 동시에 주변 사람과 대중매체를 통해 잘못 알고 있는 지식을 바로잡는 것.

셋째, 임신을 시도 중인 부부에게 정서적 지지를 보내주는 일(본인들에 게만 국한된 드문 현상이 절대 아니며, 대부분 극복 가능하다는 점을 일깨워 주는 것).

넷째, 인공수정, 시험관아기 시술로 진행해야 할 적절한 시점을 알려주는 일. 이와 더불어 검사나 치료를 중단해야 할 때 혹은 난자 공여나 입양 등 제3의 대안이 필요할 때에 이를 명확히 알려주는 일이라고 되어 있습니다.

당연한 이야기지만 늘 제가 이런 원칙에 충실하게 일하고 있는지 되새겨 보곤 합니다. 결국 이 원칙을 실천하려면 공감하는 능력과 더불어 제한된 진료 시간이지만 되도록 많이 듣고 많이 말하려고 노력하는 자세가 난임 전문의에겐 가장 중요하다고 생각합니다."

시험관아기 시술 이후에는 누워서 쉬기만 해야 하나요

◆
◆
◆

많은 난임 환자가 시험관아기 시술(IVF)을 한 후에는 일주일 이상 집에서 누워서 쉬기만 해야 한다고 믿고 있습니다. 절대 그렇지 않습니다. 물론 스트레스가 난임의 원인이라는 것은 자명한 사실입니다. 그렇지만 스트레스 요인을 없애고 안정을 취하기 위해, 집에서 시체처럼 누워만 있는 것이 IVF 결과에 도움이 된다는 의학적 증거는 없습니다.

오히려 일주일, 열흘을 가만히 누워만 있으면 혈전 성향도 강해져 악영향이 있을 수도 있습니다. 난자 채취 당일에는 안정을 취하는 게 좋지만, 배아 이식 후에 지나치게 오랜 시간 집에서 누워만 있는 것을 난임 전문의들은 추천하지 않습니다.

외국의 난임 전문의료기관에서는 이식하고 30분 후에 귀가시키면서 "제발 일상생활 그대로 하세요"라고 거듭 강조한답니다. Take it easy(마음 편하게)를 강조하고, hard work(힘든 일) 하지 말고, work hard(열심히 일하라)고 하지요. 평소에 너무 힘들게 일했고, 늘 지쳐서 몸과 마음이 피곤한 경우라면 배아 이식 후 며칠간 쉬는 것이 좋겠지만, 그렇지 않다면 다음 날부터 일상생활을 하는 것이 낫답니다.

배아전문연구원의 경험치도
IVF 성공률의 한 축

정미경 소장
서울라헬여성의원 난임의학연구소

1965년생. 한양대 생화학 이학박사. 차병원 여성의학연구소 책임연구원.
대한배아전문가협의회 회장. 한양대학교 강사. 국내외 난임 분야 학술상 다수 수상.
현 서울라헬여성의원 난임의학연구소 소장. 현 국가생명윤리정책원 IRB 평가위원.
현 과학기술정보통신부 생명보건의료분야 기술수준평가 전문가

#수정부터 배양까지 배아전문연구원의 몫
#오후 수정의 비밀 #문제는 인큐베이터 안쪽 환경 관리
#태양을 닮은 난자 #보조생식술의 하이라이트 미세수정

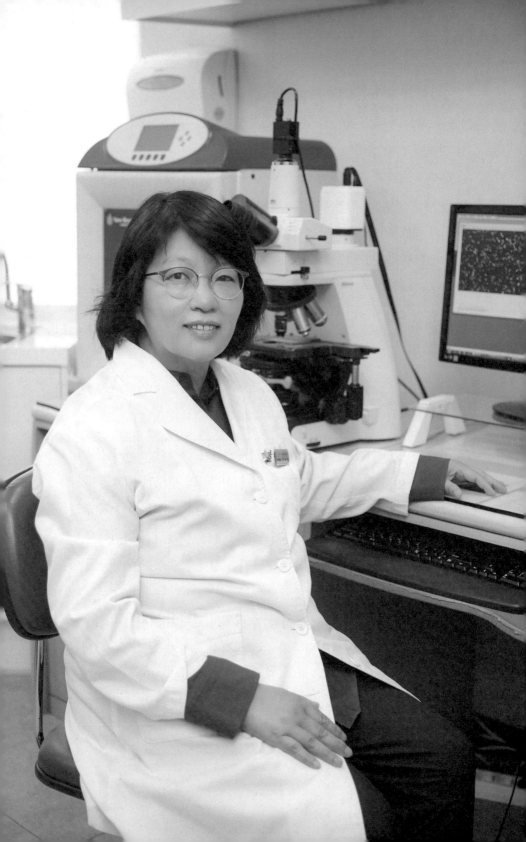

난자와 정자가 결합된 수정란은 한 개의 세포다. 그 한 개의 세포가 세포분열을 통해 온몸의 조직과 기관을 만드는, 그야말로 길고 긴 여정을 거쳐 온전한 생명이 만들어진다.

정자와 난자가 수정되면 22~26시간이 지나면서 세포분열을 시작한다. 마치 눈사람의 위아래처럼 나눠지며 2세포기-4세포기-8세포기-상실기-포배기를 향해 달려간다. 포배기가 되는 데 5~6일이 소요된다. 세포분열은 세포가 둘로 쪼개지지만 결국은 기존의 DNA를 복제해서 서로 분리되는 과정이다. 세포분열을 할 때마다 DNA를 복제하니 우리 몸의 세포는 어느 부위의 세포를 떼어내도 유전자가 같다.

임상배아연구원의 경험치

시험관아기 시술*IVF*에서 임상배아연구원들은 정자와 난자를 사람의 몸 밖에서 만나게 하고 수정시키는 일을 한다. 또 수정된 배아를 배양 인큐베이터에 2~5일간 넣어두고 세포분열을 잘하고 있는지 등 수정란(배아)의 상태를 파악하며, 착상률이 높을 것 같은 수정란을 엄선해서 의사에게 전달한다. 난임 전문의는 연구원이 건네준 수정란을 자궁에 이식함으로써 IVF를 완료한다.

경이로운 일이다. 정자와 난자가 몸 밖에서 만나 수정되는 것만으로도 획기적인데, 그 수정된 배아의 질을 짐작하고 장차 생명으로 태어날 가능성이 큰 배아만 골라서 자궁 내 이식할 수 있다는 것이.

정미경 서울라헬여성의원 난임의학연구소 소장은 IVF에서 중요한

한 축을 담당하는 배양 관련 연구를 30년 넘게 해온 베테랑 배아전문연구원이다.

수정 시도는 채취 후 바로 하나요.

정자와 난자 상태에 따라 달라요. 난자를 채취했는데 과성숙 난자라면 바로 수정시키기도 하고, 미성숙 난자라면 체외에서 성숙시킨 후 수정을 시키기도 하고요. 아무 때나 수정하는 게 아니라 난자가 정자를 받아들일 수 있는, 수정 가능한 시간에 딱 맞아야 해요. 자연의 섭리를 거스르면 안 됩니다. 오전에 채취된 성숙이 잘된 난자는 보통 4~6시간 후가 적절한 수정 시간이지만 난자에 따라 조금씩 차이가 있어서 대부분 오후 1시에서 6시 사이에 수정을 유도합니다.

배양접시에 정자와 난자를 같이 올려놓아도 수정이 안 되기도 한다고 하던데요.

정자가 안 좋을 때도 그렇고, 난자가 안 좋을 때도 그렇더라고요. 자연수정이 힘든 상태인 거죠. 그런 경우면 자연임신이나 인공수정에서 아무리 타이밍이 잘 맞았어도 임신이 힘들었을 겁니다. IVF가 난임 극복에 큰 힘이 된 이유가 바로 체외에서 수정을 가능하게 했다는 겁니다. 자연수정이 안 되면 미세수정(ICSI, 난자 세포질 내 정자 주입술)으로라도 수정을 시켜낼 수 있으니까요.

1992년 벨기에 과학자에 의해 시작된 미세수정은 가는 관을 이용해서 정자를 난자 세포질 내로 직접 주입하는 기술이다. 연구원의 숙련된 손기술이 요구되는 중요한 보조생식술의 하나다.

미세수정은 자연수정이 안 되면 하는 건가요.

미리 결정할 수도 있어요. 정자가 너무 안 좋으면 어쩔 수 없어요. 정자가 서로 많이 뭉쳐 있다거나, 운동성이 떨어지거나, 정자의 형태가 너무 안 좋으면 수정 능력이 없을 거라고 판단하고 미세수정을 결정하죠. 환자의 과거 시술 경험을 토대로 결정하기도 하고요. 다른 난임 전문의료기관에서 수정이 잘 안되었다고 해서 처음부터 무조건 미세수정을 하지는 않아요. 실패한 원인에 대해 토의하고 개선할 수 있는 부분이 있는지 확인하는 과정에서 결정이 달라지기도 해요. 최근에는 성숙도가 높은 정자를 선별하는 히알루론산결합 정자선별_HB-ICSI_과 고배율 현미경을 통한 정자형태선별_IMSI_ 등을 이용한 미세수정을 실시하고 있고, 난자의 방추사 존재나 위치 등을 확인해 적절한 수정 위치를 찾아서 좀 더 안전하게 수정을 유도하는 편광현미경 이용 난자선별_Polscope-ICSI_ 등도 미세수정에 복합 적용되고 있어요. 이러한 다각도의 적용으로 환자에게 한결 더 적절한 수정 방법을 찾고, 이를 통해 더 나은 임상 결과를 도출하는 데 조금씩 진척을 이루고 있어요.

모든 판단에 임상배아연구원들의 경험을 무시할 수 없겠네요.

그럼요. 보조생식술을 행하는 일이 하루아침에는 되지 않아요. 연구원으로 필드에 나오면 제일 먼저 검사법부터 배워요. 정자와 난자는 노출 시간이 정해져 있으니까 무한정으로 바라볼 수가 없어요. 정자 검사를 하는 것도 선배 옆에서 같이 보면서 배우는 식입니다. 난자에 대한 경우만 해도 난자 자체의 외부 공기에 대한 노출을 최소화해야 하기 때문에 별도로 공부하는 것은 어렵고, 난자를 시술하며 동시에 공부를 같이 합니다. 모두 적용되지 않지만 시술 케이스가 적은 난임 전문의료기관의 배양실이라면 아무래도 배우는 과정이 길어질 수 있겠지요. 반면 시술 케이스가 많은 난임 전문의료기관의 배양실이라면 직접 해보지 않았더라도 선배로부터 듣고 보고 배우면서 빨리 습득할 수 있고요. 아무래도 생명을 다루는 일이니까 독립적으로 판단하고 실행하는 게 가능하려면 시간이 꽤 걸릴 수밖에 없지요.

독립적으로 하려면 어느 정도가 되어야 하나요.

초보라도 난자와 정자를 딱 봤을 때 심하게 안 좋은 경우는 '나쁘다'는 걸 파악할 수는 있어요. 하지만 왜 나쁜지, 어느 정도로 안 좋은지는 잘 모를 수 있죠. 그런 판단은 경험이 쌓여야 알 수 있답니다. 손기술의 익숙함뿐 아니라 지식의 익숙함까지 갖추려면 최소 3년 이상 걸린다고 봐야겠지요. 경험이 중요한 게 같은 환자라도 정자와 난자가 계속 좋거나 나쁜 게 아니에요. 좋았다가 갑자기 나빠질 수도 있어요. 미세수정 여부를 빠르게 판단해야 할 때도 있고요. 경험이 풍부한 연구원이라야 조금 더 정확하게 판단할 수 있어요. 보면 볼수록 항상 어려운 게 난자, 정자, 배아의 상태인 것 같아요.

IVF에서 수정란 체외배양을 하는 목적이 무엇인가요.

체외배양은 체내와 최대한 비슷한 배아 상태를 유지하고, 여러 배아 중에 착상률이 높을 만한 배아를 적절하게 찾기 위해서 하고 있어요.

임상배아연구원은 세포분열 속도와 배아 속 세포질의 상태, 세포질의 파편화 등으로 배아 성적을 매길 수 있어요. 수정란의 속이 어두운지, 공포_vacuole_가 있는지, 활면소포제 등이 적절히 있는지, 깨끗한지 등을 관찰하고 핵과 핵인의 상태도 봅니다. 수정 유도한 지 3일째가 되면 8세포로 난할이 되는데, 3일 이후부터는 정자 정보까지 반영되어서 세포분열에서 배아의 질이 더 확연하게 나타나요. 질이 좋은 배아를 골라야 한다면 5일 포배기까지 가서 골라야 합니다. 3일째보다는 5일째가 배아의 정보를 훨씬 많이 볼 수 있거든요. 그렇다고 해서 무조건 5일 배양을 고집할 수도 없어요. 체외배양이 체내(나팔관 내)만큼 완벽할 수는 없거든요. 체외배양 시간이 길어지면 좋지 않다는 보고도 있어서 난임 전문의료기관에서는 배아 상태를 봐가면서 자궁 내 이식을 결정하고 있어요.

문제는 인큐베이터 안쪽 환경 관리

체외에서 5일까지 견디지 못하는 배아도 많은가요.

그렇죠. 그래서 무조건 5일 배양을 고집할 수 없어요. 체외에서 오래 노출되기보다는 체내에 들어가는 것이 훨씬 안전할 수 있겠다 싶은 배아는 수정 유도한 지 2~4일 만에 자궁으로 이식하기도 합니다. 실제로 2일 배양했든 4일 배양했든 이식 후에 임신율 차이는 크지 않더라고요.

수정란을 배양하는 기계를 배양 인큐베이터라고 하나요.

네. 자궁과 비슷한 환경이죠. 배양 인큐베이터는 전국 대부분의 난임 전문의료기관이 비슷한 걸 쓸 겁니다. 문제는 인큐베이터 안쪽 환경 관리죠. 배아가 배양 환경과 조건 때문에 안 좋아질 수도 있으니까요. 좋은 인큐베이터 환경에 정답은 없으나 공기청정기와 비슷한 형태의 필터를 이용해 공기 중에 있는 안 좋은 물질을 걸러줘 적절한 배양 환경을 만들어주는 배양 시스템 이용이 늘어나고 있어요.

배양은 어떻게 하나요.

정자와 난자를 배양접시에 올려놓고 자연수정이나 미세수정을 시킵니다. 그리고 배양접시를 배양 인큐베이터에 넣어놓아요. 첫날은 밤새 그냥 놔둡니다. 다음 날 연구원이 출근해서 수정 확인을 합니다. 난임 전문의료기관 배양실마다 차이가 있는데 매일 인큐베이터를 열어서 배아 상태를 확인하기도 하고, 그렇지 않기도 해요.

소장님은 어떻게 하나요.

자주 열어보지는 않아요. 배아가 밖에 자주 노출되는 것도 좋지 않고, 문을 자주 열면 인큐베이터 안 환경이 바깥 공기에 오염될 수도 있거든요. 저는 배양액을 교체할 때에만 여는 게 좋다고 생각합니다. 요즘 배양실들은 밖에서도 배아 상태를 관찰할 수 있는 장치를 많이 사용하고 있어요. 타임랩스*Timelapse*라고 하는데, 배양기 내에 있는 작은 현미경을 이용해 5~20분 간격으로 배아를 촬영해서 동영상처럼 볼 수 있는 장치입니다. 타임랩스가 없었던 때에는 배아를 이식할 때까지 두세 번 봤다면, 지금은 배아를 중요 시간대별로 좀 더 자세하게 관찰할 수 있어요. 하루에 한 번만 배아를 관찰할 땐 알기 어려웠던 많은 현상을 알 수 있겠더군요. 배아의 세포분열 시간을 정밀하게 측정할 수 있어서 착상 확률이 높은 배아를 선별하는 데 도움이 돼요. 최근에는 딥러닝을 기반으로 한 인공지능 알고리즘 시스템의 적용을 이용한 배아 선별도 가능해 기존 시스템과 병행해서 유용하게 이용되고 있어요.

타임랩스는 배아의 세포분열을 시간 간격을 두고 촬영하는 장비다. 수정란이 배양 인큐베이터에 들어가서 외부로 노출되지 않고 이식 당일까지 배양기 밖으로 나오지 않기 때문에 외부에서 받을 수 있는 유해한 영향 등으로부터 차단될 수 있다는 것과 배양 단계별 명확한 배양 시간 측정과 형태 관찰이 가능하다는 게 장점이다.

아무래도 난임 전문의료기관마다 배양 기술력의 차이가 있겠어요.

기술력을 비교할 수는 없죠. 연구원이라면 정자의 상태를 정확하게 확인할 수 있어야 하고 수정이 되었을 때 어떤 배아가 좋은지, 난할이 되었을 때의 배아 상태, 미세수정을 할 때 어떤 정자를 골라야 할지 등을 빠르고 정확하게 판단해야 해요. 배양하는 경험이 부족하면 빠른 판단이 힘들고 미숙할 수 있어요. 또 순간적으로 어떤 걸 처리할 때 긴장할 수 있습니다. 저희가 하는 업무가 한 포인트만 늦어도 안 돼요. 정자만 해도 현미경으로 들여다보면서 움직이는 정자들에서 아주 빨리 건강한 정자를 골라내야 합니다. 정자와 난자가 수정된 수정란을 놓고도 배아의 질을 빠르고 정확하게 판단해야 하고요. IVF에선 시간을 정확하게 맞추지 못하면 곤란하거든요. 수정란을 배양할 때 사용하는 배양

액도 무엇을 사용하는지에 따라 배아의 질이 달라질 수 있으니까 배양액도 결정해야 하고요.

태양을 닮은 난자

난자를 수도 없이 많이 보았을 텐데, 좋은 난자의 특징이 있다면.

선버스트*sunburst*라고 표현하는데, 좋은 난자는 태양이 찬란하게 빛나는 모양처럼 세포가 펼쳐져 있고 가운데가 맑아요. 반면 안 좋은 난자는 전체적으로 어두운 느낌이 나요. 40대에도 상태가 좋은 난자를 많이 가지고 있는 분도 있고, 20대인데도 난자가 안 좋은 분들도 있죠. 간혹 난포를 키워서 채취했는데 난자가 없는 공난포가 나올 때가 있어요. 이런 경우 정말 공난포일 수도 있지만 난포 내 성숙 타이밍이 적절하지 못해서일 수도 있거든요. 다음 날 다시 뽑아보면 정상적인 난자가 채취되기도 합니다. 미성숙인 채로 뽑으면 물만 나오고 난자가 안 나올 때가 있더라고요. 또 퇴화 난자라고 해서 난자가 거의 죽어서 나오는 경우도 있고요. 원래 발달이 잘 되지 않을 난포가 호르몬주사로 키워지거나, 황체호르몬 등이 일찍 작용할 경우 주로 나타납니다. 고령 여성일수록 좀 많은 편이죠.

최상급 수정란을 잘 골라서 이식했는데도 임신에 성공하지 못할 때도 있나요.

배아의 질도 중요하지만 자궁내막도 중요하니까 그럴 수 있어요. 이런 일이 있었어요. 세포분열이 느리고 놀라울 정도로 절편화가 되어 있어서 배아 등급을 좋게 매기지 않았는데, 임신이 되었더라고요. 처음엔 좀 이해가 안 갔죠. 그런데 타임랩스 장치를 이용한 배양 관련 연속 관찰 결과를 보니까 분절이 된 세포가 세포분열이 되면서 사라지기도 하더군요. 그 후로는 수정란이 나쁘다고 해도 '자궁 내 이식을 못 한다'라는 결정을 아끼게 되었어요. 착상에 대한 답이 수정란 질에만 있는 게 아니거든요. 수정란도 좋아야겠지만 자궁내막도 중요합니다. 그동안은 난임 분야에서 수정란에 비해 자궁내막 연구가 적었는데 최근에는 자궁내막의 적절한 이식 시기를 내막 조직에 발현되는 유전자 검사를 통해 확인하는 자궁내막수용성분석 유전자검사방법ERA이 적용되어 반복적으로 착상에 실패하시는 분들의 착상 증진에 크게 기여하고 있어요. 착상 전 유전검사PGT를 이용해 염색체가 정상인 배아를 선별하는 방법은 배아를 일부 손상하는 침습적인 방법을 이용하는 단계에서 지금은 배양된 배양액을 이용해 배아의 손상이 없는 비침습적 착상 전 유전검사ni-PGT로까지 발전했고요. 물론 이러한 최근의 방법들은 꼭 필요한 분들에게 명확히 확인하고 시술하는 것이 중요하다고 생각해요.

이 일을 하다 보면 생명에 대해 많은 생각을 하게 될 것 같아요.
저에게 생명이란 존귀함 자체입니다. 아무리 경험이 많고 노하우가 풍부해도 배아(수정란)를 놓고 그 미래를 속단하는 건 금물이에요. 한번은 엘리베이터에서 환자분을 만났어요. 펑펑 우시더라고요. 그때 반성을 많이 했어요. '저분은 임신에 성공하는 게 자기 인생에 매우 귀중한 부분인데, 나는 매일 하는 일이라고, 좀 안다고 해서 섣부르게 속단하는 건 아닐까' 하는 반성이 되더라고요. 보조생식술로 태어나는 아기의 비율이 높아지고 있어 늘 건강한 아기의 탄생과 성장에 책임감을 느끼고 좀 더 나은 방법을 고민하며 하루를 보내고 있습니다.

02

자궁과 난소,
조기폐경

양광문 원장

조재동 원장

김광례 과장

김민재 원장

김미경 원장

양병태 원장

나이 들어도 자궁 질환 없으면
임신 가능해요

양광문 원장
수지마리아

1965년생. 고려대학교 의학과 박사. 단국대학교 제일병원 난임센터 센터장.
시카고 의과대학 교환교수. 한국생식면역학회 회장. 현 수지마리아 원장

#자궁은 신비 그 자체 #자궁선근종과 세포감소술
#자궁내막증 자궁근종 난소낭종
#자궁내막증식증과 배란 유도 치료 #난관수종의 위험성

자궁 내 질환을 가진 여성이 늘고 있다. 국민건강관리보험공단에 따르면 자궁내막증, 자궁근종, 자궁선근종과 같은 질환으로 치료받은 환자가 최근 5년간 20% 이상 증가했다고 한다. 놀랍게도 10대 환자는 지난 10년 동안 78%나 증가했다.

자궁의 고통은 난임에 이르는 복선이다. 건강한 씨(난자)가 있다고 해도 자궁이 생명을 품을 수 없다면 어머니가 될 수 없기에 더더욱 그렇다. 양광문 수지마리아 원장은 시험관아기 시술_IVF_뿐 아니라 자궁과 난소 등의 수술, 심지어 분만까지 거뜬히 해내는 멀티형 산부인과 의사다. 그래서 생명을 품는 자궁에 대한 애정이 각별하다.

자궁은 신비 그 자체

"자궁은 신비 그 자체입니다. 간혹 해외 토픽에서 60대 여성이 아이를 낳았다는 기사가 나오곤 하죠? 정말 그 할머니가 아이를 낳았을까 하는 의문을 가질 수 있는데, 낳을 수 있어요. 그런 경우는 대부분 젊은 여성의 난자(난자 공여)로 체외수정을 한 겁니다. 젊은 난자로 수정된 배아를 이식받는다면 가능해요. 자궁에 특별한 병이 없는 경우 외부에서 호르몬을 충분히 공급하면 할머니의 자궁도 얼마든지 생명을 품을 수 있으니까요. 자궁은 마치 풍선과도 같습니다. 호르몬이 제대로 투입되면 임신을 유지할 수 있어요. 아무리 나이가 많은 여성이라도 10주까지만 버티면 그다음부터는 태반에서 프로게스테론이 분비되어 출산까지 갈 수 있는 거죠."

도대체 무슨 호르몬을 공급하기에 노화된 자궁을 재생시킬 수 있을까. 그것은 다름 아닌 난소에서 분비되는 여성호르몬인 에스트로겐과 프로게스테론이다. 특히 자궁벽을 임신 상황에 맞추어 변화시키고 분만까지 주도하는 프로게스테론의 공이 크다.

자궁에서 착상이 되자마자 융모성 성선자극호르몬*hCG*이라는 호르몬이 분비되고, hCG가 분비되면 그 영향으로 난소에서 즉각 프로게스테론을 분비하도록 설계되어 있다. 에스트로겐은 자궁내막을 두껍게 유지하는 반면, 프로게스테론은 두꺼워진 자궁내막이 떨어지지 않게 잘 지지해 주며 혈관을 발달시키는 역할을 한다. 그래서 난임 전문의료기관에서는 IVF를 할 때 배아를 자궁 내에 이식한 후에 프로게스테론을 처방한다.

늙고 노화된 자궁도 생명 잉태가 가능하다는 사실이 정말 놀랍네요. 하지만 자궁 내 병변이 있다면 젊더라도 임신이 힘들 수 있다는 얘기도 되네요.

맞아요. 자궁에 특별한 병변이 없어야 합니다. 풍선 같아야 할 자궁이 타이어 같으면 안 되겠죠. 자궁선근종이 심하면 그렇게 될 수 있어요. 자궁선근종은 자궁내막증의 일종이죠. 자궁내막은 배란 때 부풀었다가 임신이 아니면 피(血)와 함께 철거돼요. 그게 생리입니다. 그런데 내막이 혈과 함께 역류해서 엉뚱한 곳에 가 있는 게 자궁내막증이에요. 자궁선근종의 경우 그 엉뚱한 자리가 바로 자궁 내 근육층인 거죠. 자궁내막이 몸 밖으로 배출이 안 되고 자궁 근육층에 있으면서 생리 시 자궁근육층에 출혈이 동반되며 호르몬의 영향을 받아 자꾸 커지는 거예요. 이로 인해 자궁이 전반적으로 비대해지고 딱딱해집니다.

자궁선근종과 세포감소술

자궁선근종이면 임신이 불가능한가요.

수정란이 착상하기에 척박한 환경이긴 합니다만, 자연임신도 할 수 있어요. 문제는 높은 유산율이에요. 타이어를 상상해 보세요. 타이어는 부풀어 오르는 데 한계가 있잖아요. 20주를 전후해서 유산이 잘 되는 이유가 여기에 있어요. 한국의 신생아 집중치료 수준이 아무리 높아졌다고 해도 임신 24주 전엔 아기를 살리기 힘들어요. 자궁선근종이 있다면 이 시기를 무사히 넘겼더라도 잘 지켜봐야 합니다. 혹시 위험하다고 판단되면 임신 30주를 넘기지 말고 출산해야 하고요.

자궁선근종으로 인한 난임은 어떤 치료를 해야 하나요.

우선 자궁 사이즈를 줄여야 해요.

자궁의 일부를 잘라내는 건가요.

자궁 일부 절제술은 최후의 수단이에요. 자궁절제술이라기보다는 세포감소술이라고 합니다. 자궁은 그 경계가 명확한 자궁근종과 달라서 절제술을 하면 혹만 떼어내는 게 아니라 자궁 일부를 도려내야 합니다. 그리고 정교하게 잘 꿰매줘야 해요. 용접과 같아요. 임신을 기다리는 여성이라면 어지간하면 수술하지 말아야 하죠.

수술하지 않고 어떻게 자궁 사이즈를 줄일 수 있나요.

호르몬주사로 할 수 있어요. 일단 난자를 여러 개 키워서 수정 후 배아를 동결해 놓고 자궁을 줄이는 주사를 맞는 거죠. 배란 억제 주사를 맞으면 난자를 키우지 않는 상태가 됩니다. 쉽게 설명해서 일시적으로 폐경을 시키는 거예요. 자궁선근종인 경우 배란기에 자궁내막만 자라는 게 아니라 근육으로 파고든 비정상적인 내막(선근종)까지 자라서 비대해지는 것이거든요. 일시적으로 몇 달 동안 폐경을 시켜놓으면 자궁 크기가 한결 줄어들어요.

자궁이 줄어들면 바로 임신 시도를 하는 건가요.

자연임신은 시간이 걸릴 수 있고, 그러다가 자궁이 또다시 비대해질 수 있으니까 IVF를 해보자고 권유하는 편입니다.

자궁이 그토록 비대해지는데 자각증상은 없나요.

생리통이 심했을 겁니다. 월경량이 많았을 것이고, 생리혈 과다로 빈혈이 있었을 수도 있고요. 자궁이 커지면 방광을 누르게 되니 소변을 자주 봤을 수 있어요. 아무래도 방광 용적이 줄어들면 빈뇨 증상이 오거든요. 자궁 뒤쪽이 눌렸으면 변비가 왔을 수도 있고요.

자궁내막증, 자궁근종, 난소낭종

여성의 생식기에 발병할 수 있는 질환은 다양하다. 암을 제외한 단순

질환으로는 크게 자궁 쪽 질환과 난소 쪽 질환을 들 수 있다. 자궁 내 질환으로는 자궁선근종·자궁근종·자궁내막증식증이 있고, 난소 쪽 질환으로는 난소낭종과 기형종 등이 있다. 또 자궁과 난소를 아랑곳하지 않고 생기는 자궁내막증도 있는데, 자궁내막증은 다양한 위치에서 발견된다. 역류한 생리혈이 어디에 정착했느냐에 따라 다르다. 한마디로 그 위치가 관건인데 난소뿐 아니라 자궁 뒤나 직장 근처, 나팔관 등에서 발견되기도 한다.

반면 자궁근종은 자궁 근육에 생긴 양성 종양(혹)이다. 생리하는 여성의 30~40%에서 발병한다. 혹이 생기는 위치와 크기에 따라 무증상을 비롯해 다양한 증상이 나타난다. 또 자궁내막 세포가 무분별하게 두꺼워지는 자궁내막증식증도 빼놓을 수 없다. 다낭성난소증후군이 심하거나 하는 이유로 난소에 문제가 있을 경우 자궁내막이 비정상적으로 증식하는 것이다.

자궁내막증의 경우 성교통이 심하다고 알고 있어요.

심했을 거예요. 성교 때 페니스가 삽입되면 자궁경부가 움직이거든요. 자궁내막증에 의해 골반이 협착됐을 가능성이 있는데 자극을 받으면 많이 아플 수 있죠. 신혼 기간이 지났는데도 계속 아프다면 의심해 봐야 합니다.

최근 젊은 여성들에게 자궁근종이 많이 생기고 있다고 하더군요.

부쩍 늘었더라고요. 자궁근종은 크기보다 위치가 중요해요. 착상 위치에 생겼는지를 봐야 합니다. 자궁 근육 바깥쪽에 생기면 괜찮은데,

근육을 포함해서 안쪽으로 생기면 잘라내야 해요.

의사마다 '수술하자' '안 해도 된다' 의견이 분분해요.

산부인과 의사라도 전공마다 견해가 다를 수 있어요. 난임 쪽은 임신을 시켜야 하니까 자궁근종이 배아가 착상할 위치와 얼마나 가깝게 있는지, 자궁내막을 얼마나 왜곡시켰는지 살펴봅니다. 자궁근종과 자궁내막의 관계를 잘 보고 판단해야 하죠. 자궁근종이 너무 커서 자궁내막이 휠 정도라면 수술을 먼저 해야 합니다. 수술은 자궁근종의 위치에 따라 복강 내시경(복강경)으로 할 수도 있고 자궁 내시경(자궁경)으로 할 수도 있어요. 근종이 잘 보이는 자리에 있으면 복강경으로 해야 하고, 너무 자궁 안쪽에 있으면 자궁경으로 해야 해요. 자궁경과 복강경은 자궁의 안쪽으로 접근하느냐 바깥쪽(복부)에서 접근하느냐의 차이입니다.

경험이 판단에 큰 힘이 되겠군요.

그렇죠. 이 사람이 정상적으로 임신하고 분만하는 데 어떤 게 이로울지 잘 따져봐야 합니다. 때로는 수술하지 않고 빨리 임신을 시도하는 게 나을 수도 있어요. 난임 쪽 수술은 종양 쪽과는 달라요. 난임 쪽 수술이 힘든 이유는 '완전한 치료'가 아니라 '기능 회복'을 시켜야 한다는 데 있습니다. 자궁을 원상 회복시키지 못하면 난임이 아니라 불임이 돼요. 40~50대에 하는 수술과 20~30대에 하는 수술이 같을 수 없거든요.

자궁은 건드리고 나면 바로 회복되나요?

3~6개월 걸려요. 자연분만은 포기해야 해요. 분만할 때 자궁이 파열될 수 있거든요.

임신하면 치료가 된다는 이야기도 있던데요.

자궁내막증의 경우 임신이 치료예요. 자궁내막증이라는 게 역류한 생리혈이 다른 곳에 자리를 잡아서 생기는 거잖아요. 임신하면 출산하고 아기 젖 뗄 때까지 생리를 안 하니까 자궁내막증이 악화하거나 새로 생길 기회가 없어지는 겁니다. 옛말에 애 낳으면 생리통이 없어진다고 하잖아요. 자궁내막증이 없어져서 그런 거예요. 출산으로 치료가 되어서 둘째, 셋째는 임신이 잘 될 수도 있어요.

의사에게 경험은 판단의 거름이다. 의사마다 소신이 다른 게 아니라 환자마다 상태와 기대하는 게 다르기에 최종 결론이 달라질 수 있다. 적어도 임신이 목적이라면 무조건 수술이 아니라 보류가 최선일 수도 있다는 얘기다. 따라서 가임여성이 산부인과를 선택할 때에는 자신의 미래(임신·출산)까지 고려해서 의사의 주전공을 따져보아야 한다.

"난소에 생기는 혹이 있어요. 흔히 물혹이라고 해요. 물혹은 대부분 보름 단위로 사라졌다가 생겼다가 하는 난포일 수 있어요. 난포 자체가 물주머니거든요. 그 안에 눈에 보이지 않는 난자가 들어 있는 거죠. 난포인데도 초음파로 봤을 때 물혹으로 오해하기도 해요. 실제로 물로 채워져 있다면 대부분 없어질 물혹이지만, 살로 채워져 있다면 기형종이나 악성 낭종을 의심해 봐야 해요. 만약 초콜릿색 액체로 채워져 있다면 자궁내막증으로 인한 난소낭종(자궁내막종)입니다. 자궁내막종이라면 함부로 난소를 건들면 안 돼요. 난소가 일부 제거되면 난소기능 저하로 인한 조기폐경이 올 수 있거든요."

자궁내막증식증과 배란 유도 치료

30대 여성들 가운데 생리불순, 무월경 등 배란 장애와 생리 불균형을 호소하는 경우가 갈수록 증가하고 있다.

생리를 한 해에 한두 번만 하는 여성이라면 자궁내막증식증일 가능성이 큰가요.

꼭 그렇지만은 않아요. 자궁내막증식증이 생리를 자주 하지 않는 희발월경 여성에게 많긴 해도 반드시 자궁내막증식증으로 발전하는 건 아니에요. 희발월경의 원인으로는 다낭성난소증후군이 가장 흔해요. 갑작스럽게 체지방이 증가해도 희발월경이 나타날 수 있고요. 자궁내막증식증은 그리 흔하지 않아요. 암 전 단계거든요. 자궁내막증식증은 생리혈로 매달 떨어져 나가야 할 내막이 떨어져 나가지 않고 계속 부풀어 오르면서 자궁 속에 남아 있는 상태입니다. 그 내막 세포에 변성이 있을 경우 암의 전 단계로 발전해요.

자궁내막증식증인데 임신을 해야 할 여성이라면 어떻게 치료하나요.

암이 아니라는 게 밝혀지면 배란 유도 치료를 해요. 배란이 이뤄져야 생리를 해서 내막이 철거되거든요. 자궁내막은 난자가 자라면서 분비되는 에스트로겐에 의해 부풀어 오르고, 배란이 된 후 임신이 아니면 배란 후 분비되었던 프로게스테론이 소멸되며 다시 원래 모양으로 돌아갑니다. 생리가 자궁을 리셋시키는 겁니다.

자궁내막증식증인데도 매달 생리를 했다는 여성도 있던데요.

많은 경우 부정 출혈이겠죠. 내막이 부풀어 올랐다가 조금 떨어진 것일 뿐, 정상 생리혈이 아니에요. 자궁내막을 눈Snow으로 상상해 보세요. 눈이 쌓이면서도 일부 흘러내리잖아요. 자궁내막증식증의 경우 눈이 다 녹아내리는 게 아니라 일부만 녹아 흘러내리고 그 위에 쌓이는 상태인 거죠. 자궁내막증식증이라고 해도 너무 걱정하지 않아도 돼요. 배란 유도를 통해 생리를 꼬박꼬박 하면 치료가 가능하거든요.

산부인과 혹은 난임 전문의료기관에서 처방되는 호르몬제는 주로 피임약이다. '임신이 안 되어서 처방받거나 치료를 하는 건데 웬 피임약?' 하고 의문스러울 수 있다. 그러나 이 약들은 피임의 효과가 있는 약일 뿐 피임약은 아니다. 에스트로겐과 프로게스테론을 여성의 생식 주기에 맞춰서 날짜별로 처방하는 약제인 셈이다.

복용하면 난소가 외부에서 공급되는 호르몬에 의해 난자를 키우지 않고 배란을 하지 않아 피임 효과가 생긴다. 하지만 자궁내막은 외부에서 투입된 호르몬에 의해 부풀어 오르고 철거(배출)된다. 결과적으로 호르몬제를 통해 제때 배란되고 생리를 함으로써 생식 사이클이 균형 모드가 되는 것이다.

호르몬제를 장기간 복용하면 자칫 난임이 될 수 있다고 하던데요.

꼭 그렇지는 않아요. 굳이 따진다면 난소는 괜찮은데 자궁내막 회복에 몇 개월 걸린다고 하더라고요. 보고에 따르면 호르몬제를 너무 오래 복용하는 경우 내막이 경화된다고 해요. 그래서 피임약을 먹게 되면 6개월 먹고 2~3개월 쉬면서 자연적으로 생리를 규칙적으로 하도록 하는 거죠.

위험한 난관수종

나팔관에 문제가 생겨서 난임이 되는 사례가 많아요. 나팔관 감염으로 물이 생리처럼 나오기도 한다던데요.

난관(나팔관)수종이면 그럴 수 있어요. 난관수종은 나팔관에 물이 고이는 상태를 말해요. 모든 세포는 노폐물을 배설하잖아요. 나팔관도 마찬가지예요. 나팔관 노폐물이 복강으로 스며들어서 저절로 처리되어야 하는데, 나팔관이 막혀 있고 염증까지 있으니까 물이 고이는 거죠. 그 물이 자궁으로 내려와서 착상을 방해할 수 있어요.

초음파로 알 수 있나요?

초음파로는 의심만 할 수 있어요. 나팔관 조영술로 정확하게 알 수 있는데, 심할 경우 스스로 느낄 수 있습니다. 생리가 끝났는데도 계속 핑크빛 물이 나온다면 의심해 봐야 해요. 생리를 20일째 하고 있다는 여성이 찾아온 적이 있어요. 생리혈이 아니라 물이 계속 나온다는 거죠. 또 성교 시에도 물이 소변처럼 나왔다고 하더군요. 검사해 보니 난관수종이었죠. 이 정도로 심하면 나팔관을 포기해야 해요.

양 원장은 "미혼 여성들이 자궁과 난소에 대한 지식이 부족한 경우가 많다"며 "결혼 후에도 난임이 되어서야 병원을 방문하는데, 이때는 병변이 상당히 진행된 상태인 경우가 많다"고 안타까워했다.

"자궁내막을 다치게 하는 주범이 뭔지 아세요? 바로 임신중절수술입니다. 내막에는 여러 개의 층이 있는데 생리 때 박탈되고 수정란이 착상하는 기능층 안에 기저층이 있어요. 이 기저층을 과도하게 건드리면 자궁내막이 얇아지고 손상됩니다. 기저층이 손상되면 자궁내막이 상처 딱지처럼 딱딱해져요. 물론 계류유산(자연유산)으로 인해 어쩔 수 없이 소파수술을 해야 하는 경우도 있지만 고의적으로는 하지 말아야 해요. 요즘은 피임 방법이 다양합니다. 시대가 달라졌어요. 결혼을 강요할 수도 없고, 기왕 늦게 결혼할 거라면 자신의 자궁과 난소를 자주 체크해 봐야 합니다."

난임 시술 전문용어

◆
◆
◆

인공수정 시술: 정자 자궁 내 주입술(Intrauterine Insemination).

시험관아기 시술(IVF): 과배란 주사를 통해 한 주기에 여러 개의 난자를 키운 후, 난자를 체외로 채취해 체외에서 수정시키고 배양(~포배기까지)한 후, 배아를 다시 자궁경부를 통해 자궁 내로 이식하는 시술.

냉동 배아 이식(Thawing Embryo Transfer): 동결 보존된 배아를 해동시켜 자궁내막 상태를 체크한 후에 자궁 내에 이식하는 방법. 자연배란주기 이식, 호르몬제 복용 후 이식 등이 있다.

과배란 주사: 난자를 난소에서 여러 개 성숙시킨다. 난포자극호르몬(FSH)이 주성분으로 제품에 따라 FSH만 있느냐, FSH+LH(난자를 마지막으로 성숙시키는 호르몬)가 있느냐, FSH+LH+hCG(융모성 성선자극호르몬)가 있느냐의 차이가 있다.

배란유도제(일명 배란촉진제): 무배란증을 치료하거나 난임 시술(인공수정, 시험관아기 시술)에서 한 개 이상의 난자를 키우는 과배란을 유도하기 위해 처방. 항(抗)에스트로겐제. 궁극적으로 FSH(난포자극호르몬) 분비를 촉진하는 효과가 있다.

에스트로겐: 난소에서 난자가 자라면서 분비되는 호르몬. 자궁내막이 착상을 준비할 수 있도록 부풀어 오르게 하고, 배란에도 관여. 생리~배란 때까지 집중적으로 분비. 배란 이후에도 프로게스테론과 함께 생식 주기를 조절하는 역할을 한다.

프로게스테론: 난소에서 분비되는 황체호르몬. 배란 이후 자궁벽을 임신에 맞춰 재정비하고 분만까지 임신을 유지하는 역할을 담당한다. 비임신일 경우엔 에스트로겐과 함께 생식 주기를 조절한다.

융모성 성선자극호르몬(hCG): 임신한 여성의 태반에서 생산되는 단백질. 착상 이후 혈액이나 소변의 hCG를 측정해 임신 여부를 알 수 있다.

자궁내막증 수술을 해야 한다면

조재동 원장
엘르메디산부인과의원

1954년생. 고려대 의대 졸업. 현 엘르메디산부인과의원 원장

#자궁내막증 수술 고려 사항
#복강경과 자궁경 시술 테크닉
#임신 성공은 의사와 환자 간의 신뢰에서 시작

"난임 전문의이기 전에 산부인과 의사입니다. 난임만 전문으로 하는 의사들은 오로지 인공수정이나 시험관아기 시술*IVF* 같은 인공적 시술로 이끄는 데 급급할 수 있어요. 난임 여성의 상당수가 생식기 내 질환을 갖고 있는데, 이를 먼저 해결해 주는 것도 중요합니다. 난임 시술보다 임신이 안 되는 방해 요인을 파악해 제거하는 시술을 권하는 것도 산부인과 의사로서 중요한 일이에요."

조재동 엘르메디산부인과의원(경남 창원) 원장은 난임 전문의지만 1980년대 경남 창원 삼성병원에서 근무하면서 일반 대학병원에선 접할 수 없었던 온갖 고난도 외과수술을 많이 경험했다. 전쟁터 같은 응급실은 물론 산과 및 각종 부인과 질환과 암 수술 등 다양한 임상 경험을 몸소 체험했다는 그는 난임 치료 분야의 현실에 대해 아쉬움을 토로했다. 요약하면 생식기 내 질환이 있는 난임 여성에게 임신을 서두르기 위해 무조건 난임 시술을 유도해서는 안 된다는 것이 그의 신념이다.

자궁내막증 수술

외과수술을 한 것이 난임 치료에 어떻게 도움이 되는지요.

의사에게 응급수술은 각종 변수 속에서 빠르고 적절한 판단 능력을 키워주는 등 그야말로 배움의 현장입니다. 다양한 수술을 통해 의사로서 인체에 대한 두려움이 많이 사라졌어요. 제가 수술과 복강경(복강 내시경) 시술을 자신 있게 할 수 있는 것도 그때 경험이 밑거름된 것 같습니다.

조 원장의 임상 경험에 의하면 난임 여성의 상당수는 자궁내막증을 앓고 있다. 자궁내막증은 자궁 안에 있어야 할 내막이 자궁 밖에 있는 경우다. 자궁내막은 매달 난자가 자람으로써 분비되는 에스트로겐의 영향으로 두꺼워졌다가 임신이 안 되면 생리혈과 함께 박탈되는 조직이다.

만약 자궁내막이 복강 내로 역류해서 엉뚱한 곳에 달라붙어 세포증식을 한다면? 주로 난소, 자궁 뒤, 직장 근처, 나팔관 등에 부착해서 그곳이 자궁인 줄 알고 버젓이 증식하며 생리통과 골반통, 성교통 등을 일으킬 수 있는 고질적 질환이 자궁내막증이다. 심할 경우 골반 내 장기와 조직이 들러붙는 유착으로 이어질 수 있다.

자궁내막증 발병률이 최근 부쩍 높아졌다고 해요.

자궁내막증은 원래 서구인들이 심했어요. 최근 들어서 우리나라 여성에게서도 많이 발견되더라고요.

자궁내막증은 확진까지 걸리는 시간이 길더군요.

자궁내막증은 1기, 2기, 3기, 4기로 나누는데, 초음파로 확인되려면 3~4기에 이르러서야 가능하다고 합니다. 그전에는 복강경을 통해 확인할 수밖에 없어요.

자궁내막증이 있어도 환자들이 걱정하지 않는 경우가 많아요.

워낙 흔한 생식 질환이라서 그래요. 대다수 여성이 생리적 현상 정도로 치부해 버리는데, 그러면 안 돼요. 자궁내막증이 있더라도 IVF를 해서 임신하면 된다며 치료를 포기하기도 하는데 잘못된 생각이에요. 자궁내막증으로 인해 생리통이 심해지고 자궁 외에 퍼진 내막 덩어리가 커진다면 임신을 방해할 수 있거든요. 선수술도 고려해 봐야 해요.

자궁내막증은 배란이 되고 생리를 하는 이상 재발한다고 하던데요.

맞아요. 수술해도 재발이 잘 돼요. 하지만 수술하고 나서 투약을 하면 통증을 덜 수 있고, 재발하더라도 수술 후 1년 내 자연임신율이 높아져요. 실제로 자궁내막증 수술 5년 후에 조사해 보면 자연임신이 꽤 많이 되었더라고요. 수술하지 않고 자꾸 IVF만 계속 도전하면 수술할 시기를 놓칠 수도 있거든요. 자궁내막증이 있으면 2~3회 체외수정술에 도전해 보고 계속 실패하면 복강경을 권합니다. 복강경 시술로 대부분 제거하면 임신율이 훨씬 높아질 수 있거든요. IVF 성공률도 높아지고요. 만약 자궁내막증이 너무 심해서 난소 양쪽에 쫙 퍼진 경우, 난소 근처에 퍼진 부위를 모두 제거하다가 난소기능 저하로 폐경이 될 수도 있어요. 이 경우는 임신이 우선순위겠죠. 폐경이 되면 임신할 수 없으니까요. 너무 심하면 수술보다 빨리 체외수정이라도 해서 임신을 하라고 합니다.

자궁내막증이 있다고 누구에게나 수술을 권하진 않겠지요.

그럼요. 하지만 사람에 따라서는 수술이 꼭 필요할 수도 있어요. 의사가 판단해야 해요. 상황에 따라서 임신 전에 수술할지, 나중에 수술할지 정해야 해요. 임신을 원하는 여성일수록 신중하게 결정해 줘야 합니다.

수술은 어떤가요.

미국에서는 마치 암수술을 하듯이 해요. 실제로 배 속을 보면 자궁내막증이 너무 심해서 암처럼 퍼져 있는 사람도 있어요. 이 경우 개복수술로 제거하면 정말 대수술이 되는데, 한국의 산부인과 의사들은 잘 안 해요. 장 쪽까지 퍼진 걸 잘못 건드리면 장이 터질 수 있거든요. 임상 결과를 보니 개복수술을 할 경우 1%가 장이 터질 수 있고, 장이 터지면 30%가 사망한다고 되어 있더군요.

고난도 수술이군요.

완전히 제거하는 것이 원칙이어도 암수술처럼 깊고 광범위하게 조직을 제거할 필요까지는 없을 수 있어요. 그래도 수술 경험이 풍부해야 할 수 있어요. 자궁적출술이나 자궁근종 제거술과는 달라요. 퍼진 부위 대부분을 꼼꼼하게 파악하고 제거해야 하는, 고난도 테크닉이 필요한 부인과 수술이죠. 수술을 통해 원래의 모습을 찾아주면 자궁내막증으로 인한 통증이 완화될 수 있고 임신율이 조금 더 높아질 수 있어요.

복강경과 자궁경 시술 테크닉

수술은 복강경으로 하나요.

네. 검사를 통해 자궁내막증으로 파악되면 바로 해결하기 위한 시술에 들어갈 수 있어요. 복강경 시술은 간단합니다. 양측 하복부 2~3곳을 0.5~1cm 정도 작게 째고 특수한 골반경 수술용 기구나 레이저를 삽입하면 돼요.

내시경을 통해 복부 안을 과연 얼마나 정확하게 파악할 수 있는지요.

복강경 시술은 정확해요. 복강경 덕분에 몸속을 훨씬 더 잘 들여다볼 수 있어요. 맨눈으로 보는 것보다 더 정확해요. 더 넓은 부위와 확대된 형태를 볼 수 있기 때문입니다. 자궁내막증일 경우 복강경으로 360도 회전시킬 수 있어서 넓게 퍼진 자궁내막증 부위까지 깨끗하게 제거할 수 있어요.

그러지 않아도 최근 부인과 질환에서 복강경은 인기 있는 검사와 수술 수단이 되었다. 활용 범위도 넓다. 난소에 생긴 낭종을 제거하거나, 자궁외임신에서 자궁 밖에 착상된 태아를 제거하거나, 자궁 밖에 자궁 내막 조직이 붙어서 증식하는 자궁내막증 치료에 모두 복강경이 동원된다. 그 밖에도 자궁근종 제거술, 난관 복원술, 자궁경부 초기 암 수술까지도 할 수 있다.

주의해야 할 점도 있다. 복강경 시술은 자칫 소장, 대장, 위, 자궁 등에 손상을 줄 수 있으므로 복강경 시술 전에 환자의 지난 수술 병력을 반드시 확인해야 한다. 복강 내 기관을 수술했거나 골반 감염이 있거나 비만이나 너무 말랐을 경우에는 복강경 시술을 더 세심하게 고려하면서 진행해야 한다.

장 유착을 제거하는 복강경 시술은 고도의 테크닉이 필요하다고 들었어요

그럼요. 수술하는 의사에 따라 결과가 많이 차이 나요. 저는 복강경 학회만 10년 이상 쫓아다니면서 열심히 공부했어요. 또 실전을 많이 뛰었고요. 복강경을 할 때 자궁내막증이 암처럼 퍼져 있고 유착이 되어 있을 때 시술을 자칫 잘못하면 큰일이 나요. 장이 터지기라도 하면 안 되잖아요. 그래서 암수술처럼 하지 않고 장 쪽을 놔두고 거의 제거하려고 하죠.

조 원장은 자궁경(자궁 내시경) 분야에서도 독특한 테크닉을 선보이기로 유명하다. 자궁경은 대장내시경, 위내시경과 비슷한 일종의 내시경이다. 3~5mm 두께의 내시경을 자궁 내에 넣어서 자궁 내부를 직접 들여다보며 검사와 폴립 등의 제거 시술을 병행할 수 있다. 조 원장의 자궁경은 일반 자궁경과 조금 다르다. 자궁 내시경을 통해 자궁내막에 약간의 자극을 주는 자극 요법이 있다.

자궁경 테크닉과 기술은 다 비슷한 거 아닌가요.

그렇지 않아요. 의사마다 경험 노하우가 달라요. 한번은 자궁 속이 T 자인 여성이 왔어요. 자궁은 역삼각형이 정상인데, 중간에 벽이 있어서 T자 모양의 선천적 기형이었던 거죠. 제가 자궁내막에 가위질을 해서 역삼각형으로 만들었어요. 그랬더니 그렇게 안 되던 임신이 바로 되더라고요. 최근 난임 전문의들이 착상률을 높이기 위해 자궁내막 자극술을 많이 하고 있어요. 자궁내막 자극술은 이스라엘 난임 의사에 의해 시작된 것인데, 플라스틱 관을 자궁 속에 넣어서 자궁 내벽을 살짝 긁어주는 겁니다. 논문에는 내막을 자극하면 자궁에서 여러 물질이 나오고, 그 물질이 착상을 높인다고 되어 있는데, 제가 해보니까 큰 효과가 없었어요. 그래서 저 나름대로 자궁내막에 좀 더 강렬한 자극을 주는 방법으로 변형시킨 것이지요.

보통 난임 전문의들은 수술보다는 IVF를 통한 임신 시도를 더 권하는 편이죠.

환자의 나이와 난소 기능에 따라 그럴 수 있어요. 하지만 생식기에 질환이 있으면 근본적으로 해소해 주는 것도 중요해요. 문제를 안고 시작하면 걱정이 되어서 임신이 잘 안 되거든요. 여성들은 걱정하고 한숨 쉬면 임신이 잘 안 되는 몸이 되더라고요. 뭔가 문제를 속 시원하게 해결하고 자신감이 생기면 IVF로도 임신 안 되던 부부가 자연임신이 되기도 합니다.

임신 성공은 의사와 환자 간의 신뢰에서 시작

조 원장은 꼼꼼하고 섬세하다. 환자의 사연과 애로 사항을 조목조목 듣고 메모하는 의사로 유명하다. 실제로 창원 엘르메디산부인과에서 조 원장을 만나려면 꽤 오래 기다려야 한다. 한 환자와 보통 30~40분씩 대화하는 경우가 많다 보니 심할 때는 3시간 이상 기다리는 경우도 있다.

병원에 갔을 때 대기 시간이 길면 환자 입장에서 짜증이 많이 날 텐데요.

그렇긴 할 거예요. 하지만 본인이 진료받으면서 속 시원하게 이야기하게 되면 다음 진료에 와서는 참고 기다리더라고요. 난임 전문의는 환자마다 사연과 상황을 다 들어줘야 해요. 난임 환자들은 다른 환자들과 달리 유독 자신의 말을 잘 들어주기를 원합니다. 환자들의 말을 진지하게 듣고 있으면 그녀를 임신시켜 줄 길이 보일 때가 있어요. 임신 성공 여부는 의사와 환자 간의 신뢰에서 시작되어요. 아무리 바빠도 환자의 이야기를 들어주는 데 시간과 노력을 아끼지 않아야 해요.

조 원장은 난임 전문의로서 마치 임신이 안 되어서 온몸의 신경에 가시가 돋고 있는 난임 여성들에게 믿고 기대고 맡길 수 있는 든든한 언덕 역할을 해주는 것 같았다.

자궁근종이면 임신이 먼저일까, 치료가 먼저일까

김광례 과장
인천 서울여성병원 아이알센터

1965년생. 서울대 의과대학 박사. 삼성서울병원 외래교수.
강서미즈메디 아이드림센터 진료과장. 현 인천 서울여성병원 아이알센터 과장

#자궁근종의 원인 #자궁근종과 난임
#다양한 자궁근종 치료법 #자궁 건강 위한 생활 습관

자궁근종 환자 수가 증가하는 추세다. 건강보험심사평가원에 따르면 자궁근종 진단을 받은 가임기 여성은 2020년 51만4260명으로 5년 새 51% 증가했다.

자궁근종이란 자궁의 근육세포가 증식되어 혹이 된 양성 종양이다. 과거에는 출산을 끝낸 30대 중·후반이나 40대에서 주로 발병했다면, 요즘 들어서는 발병 연령층이 20~30대 초·중반으로 점차 내려가는 추세다.

가임기 여성에게 자궁근종은 난임의 원인이 될 수 있다. 치료가 늦어지면 자칫 가임 능력(자궁을 보존해서 임신할 수 있는 능력)을 잃는 불행을 겪을 수 있다. 자궁근종이 발병했을 때 가임 능력을 잃지 않기 위해 어떤 치료를 받아야 할까. 임신이 먼저일까, 치료(수술)가 먼저일까. 김광례 인천 서울여성병원 아이알센터 과장에게 조언을 구했다.

자궁근종의 원인

여성이 50대가 되면 70~80%가 자궁근종을 갖고 있다는 미국국립보건원NIH 조사 결과가 있더군요.

너무 과한 데이터네요. 우리나라의 경우 가임기 여성의 20~30%, 35세 이상에서는 40~50%까지 발견되는 정도입니다. 자궁근종은 근육층과의 관계에 따라서 점막하근종(자궁내막 가까이), 자궁근층근종(자궁 근육 안), 장막하근종(자궁 근육 바깥)으로 나누는데, 자궁근층근종이 가장 많아요.

자궁근종은 부인과 진료를 받지 않으면 알 길이 없나요.

그렇죠. 특별한 증상이 없어서 정기검진이 아니면 잘 모를 수 있어요. 난임 여성들은 임신이 안 되는 원인을 찾다 자궁근종을 빨리 발견하게 되는 거죠. 40대에 결혼하면서 배꼽에 뭔가 만져진다며 처음 부인과 검사를 하는 분도 많아요. 자궁근종이 생겨도 발병 위치와 크기, 진행 방향에 따라 증상이 다양하게 나타납니다.

자궁근종 크기가 커져도 자각증상이 없나요.

소변을 자주 보거나 대변을 시원하게 못 본 느낌이 있으면 덩어리에 대한 증상이거든요. 자궁내막 아래에 발병하거나 자궁 근육층에 있으면 크기가 작아도 생리통이 심하거나 월경량이 많아질 수 있어요. 그 밖에 부정 출혈, 요통, 빈혈도 있을 수 있고요. 자궁근종 크기가 크면 주변 장기를 압박해 배변 장애나 배뇨 장애가 있었을 테고, 평소에 골반이나 아랫배가 불편했을 거예요. 자각증상이 전혀 없어서 크기가 10cm 이상 커져 손으로 배를 만지면 인식될 정도가 되어서야 발견하는 분도 있어요. 미혼이어도 부인과 검진을 꾸준히 받아야 하는 이유입니다.

자궁근종의 원인은 무엇인가요.

정확히 밝혀지지는 않았지만 여러 원인 중에서 에스트로겐(여성호르몬) 분비가 관여할 거라고 결론을 내리고 있어요. 에스트로겐 분비가 감소하거나 분비되지 않는 폐경 이후에는 근종의 크기가 현저하게 줄어들거든요. 자궁내막은 에스트로겐에 의해 배란 때 두꺼워졌다가 임신이 안 되면 생리혈로 몸 밖으로 배출되는데, 자궁 내 근육세포들이 호르몬에 민감하게 반응했거나 유전자 돌연변이 때문에 배출되지 않고 남아 종양(양성)으로 자랐을 것으로 추정하고 있습니다.

유방암·난소암은 가족력을 무시할 수 없는데, 자궁근종도 그런가요.

직계 가족(자매, 엄마) 중에 40세 이전 자궁근종을 발견했다면 그렇지 않은 경우에 비해 발병 위험이 6배 크다는 보고가 있어요. 가족력이 있는 경우 근종이 더 크고 개수가 많은 다발성으로 나타날 수 있습니다.

비만도 자궁근종의 발병 요인이 되나요.

의견이 분분해요. 어떤 보고서에서는 자궁근종 발생이 비만·당뇨와 관련이 있는데, 비만 여성은 말단 지방 조직에서 안드로젠이 에스트로젠으로 많이 전환되면서 호르몬을 상승시키기 때문이라고 설명하고 있어요. 또 체중이 10kg 불어나면 근종이 생길 위험이 18% 증가한다는 논문도 있고요.

자궁근종과 난임

자궁근종을 확진하기 위해 어떤 검사를 거치나요.

조직검사밖에 없어요. 자궁근종을 절제해서 조직을 검사해 봐야 양성 혹인지 확인할 수 있는 거죠. 자궁근종이 의심되는 경우가 워낙 많아서 모두에게 조직검사를 권하지는 않아요. 주로 영상의학적 검사로 확인해요. 특별한 경우, 즉 다발성이거나 초음파로 봤을 때 다른 기관과의 경계가 불명확하다면 CT(컴퓨터 단층촬영) 또는 MRI(자기공명영상) 촬영이 필요하지만 대부분 골반 내진 검사와 골반 초음파 검사를 하면 보입니다. 또 근종 중에서 0.1~0.6% 정도는 악성일 때가 있어요. 폐경이 되었는데 근종이 줄지 않는다면 의심해야 해요.

자궁근종이 생기면 무조건 치료하거나 수술로 제거해야 하나요.

크기와 수, 위치, 증상에 따라 달라요. 자궁 근육 쪽을 포함해 자궁강에 생기거나 수정란이 착상할 위치에 생기면 난임을 겪을 수 있고, 유산의 위험성도 높아집니다. 임신 중 자궁근종이 태반에 가까이 위치하는 경우 조산이나 태아 성장이 저해되기도 하고요. 이럴 때는 해결해야 해요.

자궁근종이 난임으로 직결되나요.

꼭 그렇지는 않아요. 근종이 있어도 임신과 출산을 잘하는 분이 많아요. 크기와 위치, 증상에 따라 임신에 지장이 없기도 하고 지장을 주기도 하죠.

자궁근종이 있어도 임신이 되는 여성은 어떤 케이스인가요.

크기가 4~5cm 이내이고 자궁강에 근접해 있지 않아 자궁강을 변형시키지 않는다면 임신에 별 영향을 주지는 않아요. 하지만 임신을 하기 위해 노력하는 기간이 길어지면서 자궁 내강을 누르거나 나팔관이 나가는 부위를 압박하는 경우, 난소와 난관의 구조에 영향을 주는 경우라면 난임과 연관이 될 수 있어요.

자궁 내 질환으로 임신, 출산이 불가능할 것 같던 여성이 임신하는 경우도 있나요.

자궁근종이 10cm가량 되는데도 임신하신 분을 봤어요. 그만큼 자궁이라는 기관은 변화무쌍한 요술 주머니 같아요. 근종 크기가 작아도 영향을 주는 사람이 있는가 하면, 크기가 커도 전혀 문제없이 아기를 잘 낳는 분도 있어요.

자궁근종이 착상 자리에 위치하지 않는다면 치료보다 임신을 먼저 서둘러야 하나요.

맞아요. 자궁의 문제보다 난소기능 저하가 난임의 더 큰 원인이 되는 경우가 많아요. 그래서 자궁근종이 있다고 해도 치료에만 시간을 보낼 수가 없어요. 임신을 원한다면 자궁근종 치료(혹은 제거) 전에 난임 전문의와 상의해 치료를 먼저 할지, 임신 시도를 먼저 할지 결정하는 게 좋아요. 만약 자궁근종으로 인해 배아 이식을 하기 어려운 자궁내막이면서 난소기능 저하까지 심하다면 먼저 난자를 채취해서 체외수정 후 배아를 동결 보존해 놓아야 해요. 근종을 제거한 후에 냉동 배아를 이식받는 방법도 있으니까요.

다양한 자궁근종 치료법

자궁근종과 임신에 대해 의사마다 견해가 달라서 난임 여성들이 혼란에 빠지곤 하는데, 의사의 판단 기준은 무엇인가요.

나이와 임신 시도 기간, 난임 이유 등을 따져봐야 해요. 그래야 임신을 먼저 할지, 치료를 먼저 할지 답이 나와요. 또 산부인과 전문의라도 전공에 따라 견해와 소신이 달라질 수 있어요. 예를 들어서 부인과 종양 쪽을 전공한 의사라면 악성 가능성이 있으니 제거하자고 권할 수 있어요. 하지만 난임 전문의라면 출산 후에 제거해도 된다고 판단할 수 있는 거죠. 난임 전문의들은 아무래도 가임 능력 보존에 초점을 두고 판단하는 편이에요.

비수술적 방법으로 어떤 종류의 치료법이 있나요.

약물로는 호르몬제 치료가 있어요. 그 밖에 중재 시술로 고주파 용해술, 자궁동맥 색전술, 고강도 초음파 집속술*HIFU* 등이 있고요. 수술로는 복강경, 개복수술, 로봇수술 등이 있습니다. 자궁근종이 10cm 이내이며 다발성이 아니면 대부분 내시경으로 해결돼요. 의사마다 판단이 다른데, 사이즈가 큰 경우는 억제 주사를 통해 자궁근종 크기를 줄인 후 몇 달 후에 내시경으로 수술할 수도 있어요. 요즘은 거의 내시경 수술로 합니다.

수술을 선택해야만 한다면 어떤 때 복강경을, 어떤 때 개복수술을 하나요.

주로 자궁근종의 크기와 위치, 의사의 경험과 선호 기술로 선택하게 됩니다. 환자의 복강 상태에 따라 자궁근종이 커도 복강경이 가능한 경우도 있고, 복강경을 하기 어려워 개복수술을 하는 경우도 있어요. 주로 10cm 이상 크기이거나 여러 개가 있어서 수술 시간이 길어질 것 같다면 개복수술을 선택하지요.

개복수술을 해도 가임 능력을 보존할 수 있나요.

개복수술을 하든, 하지 않든 자궁을 보존하는 한 가임 능력을 잃지는 않아요. 자궁이 어느 정도 두께로 절개되었는지에 따라 출산 방법을 정하게 됩니다. 깊게 자리한 근종을 제거하면 후에 제왕절개술을 권해야 합니다. 그래서 임신을 해야 할 여성에게는 웬만하면 개복수술을 권하지 않습니다.

여성 생식기는 골반 안에 다른 장기와 가까이 붙어 있어 수술이 매우 까다롭기 때문에 최근엔 섬세하고 정밀한 로봇수술을 많이 하더군요.

케이스 바이 케이스예요. 기구마다 각도가 있는데, 로봇수술은 각도가 광범위해요. 자궁근종의 위치가 아주 깊거나 봉합하기에 어려운 각도라면 로봇수술이 이로운 경우가 있어요. 로봇수술은 정밀하고 섬세하게 할 수 있다는 게 특징이니까요.

최근 자궁근종 치료(제거) 방법으로 비침습적인 하이푸(HIFU·고강도 초음파 집속술)에 대한 관심이 높던데요.

저는 개인적으로 권하지 않는 편이에요. 그야말로 임신을 원하지 않는 분에게 권하죠. 자궁근종의 혹이 내막과 붙어 있으면 하이푸를 할 경우 간혹 내막이 같이 열을 받아서 손상될 수 있어요. 열 손상을 받으면 임신하려고 할 때 내막이 증식하지 않을 수 있어요. 착상하려면 배란 때 내막이 두꺼워져야 하거든요.

만혼과 재혼 등으로 늦은 나이에 임신을 시도하는 이들이 늘고 있어요. 50세를 기준으로 자궁과 난소에 병변이 있을 확률은 어느 정도인가요. 50대 이후 출산은 위험한가요.

여성의 나이가 40대 중반을 넘어서면 자궁의 문제보다는 염색체 이상을 담은 부실 난자가 배란될 확률이 높아요. 착상률도 떨어지고 유산 위험이 크죠. 실제로 50세 이후 고령 여성이 시험관아기 시술*IVF*을 할 때는 난자 공여인 경우가 많습니다. 임신이라는 게 자궁 기능만 유지한다고 해서 되는 건 아니거든요. 건강한 난자가 중요해요. 늦더라도 40대 초·중반까지는 임신 출산을 끝내면 좋죠. 건강한 난자만 채취할 수 있다면 40대 중반 이후라도 임신과 출산이 가능하죠. 40대 중·후반이라도 성인병이 없다면 임신해도 합병증이 올 확률이 높지 않고, 고혈압이 없으면 분만 시 크게 위험하지 않아요. 체중 관리와 식단 관리를 잘하면 건강하게 출산할 수 있어요.

자궁 건강 위한 생활 습관

자궁도 노화가 되지 않나요.

자궁은 충직한 하인 같은 기관입니다. 몸의 호르몬 농도에 따라 반응하니까요. 폐경이 되면 동면 상태처럼 작아져 있지만, 다시 호르몬을 투여해 생리를 유도하면 이전의 자궁 크기로 되돌아옵니다. 임신도 가능하고요.

과거 폐경 후 여성들이 자궁적출 수술을 많이 했는데, 자궁이 없음으로 인해 생기는 문제는 없나요.

자궁은 폐경 후에는 특별한 기능이 없어요. 없어도 큰 불편함이 없긴 합니다만, 자궁 절제를 했다가 골반의 이완으로 골반탈출증이 생기는 경우가 있어요. 자궁절제술을 하더라도 자궁의 아래쪽인 자궁경부를 남겨두면 성생활에 큰 지장이 없고요.

자궁 건강을 위한 생활 습관이 있다면.

정상 체중을 유지하고, 채소와 과일 챙겨 먹고, 정기적으로 골반 초음파 검사를 하는 것 등이죠.

임신·출산에서 난소와 자궁, 둘 중 어떤 것이 더 비중이 큰가요.

난소입니다. 자궁은 기다려줄 수 있습니다. 문제는 난소예요. 난소는 회춘이 없거든요. 임신을 계획한다면 난소의 시계를 무시하면 안 돼요. 난소 기능에 맞춰 플랜을 짜야 합니다.

난임 시술 전문용어

◆
◆
◆

자궁난관조영술: 조영제를 주입하고 자궁경관과 자궁강의 크기와 형상, 난관의 소통성, 골반 복막의 상황과 유착 여부, 난소 종양 유무 등을 진단하는 방법. 이상이 없으면 자연임신, 인공수정 시술을 할 수 있다.

일반 수정: 채취된 난자와 선별된 정자가 배양접시 내에서 자연스럽게 수정이 이루어지게 하는 방법.

세포질내 정자주입술(ICSI): 미세조각기를 이용해 정자를 난자 내에 직접 주입하는 수정 방법. 일명 미세수정.

분할수정(Half ICSI): 일반 수정과 세포질내 정자주입술을 병행하는 방법.

정자 형태 선별 미세조작 시술(IMSI): 특수장비를 이용해 초고배율 렌즈로 정자를 관찰한 후 정상 형태의 정자를 선별해 미세수정을 시행하는 방법.

성숙 정자 선별 세포질내 미세주입술(PICSI): 히알루론산이 코팅된 특수 배양 접시를 이용해 성숙한 정자를 선별한 후 미세수정을 시행하는 방법.

레이저 보조부화술(Laser-AH): 배아를 둘러싸고 있는 투명대를 일부 제거해 부화 과정을 돕고 착상을 촉진하기 위해 사용. 투명대가 두꺼운 배아, 특별한 원인 없이 반복적으로 착상 실패한 경우, 고령 여성, 동결 보존 후 융해된 배아 등의 경우에 시행한다.

착상 전 유전진단/염색체 검사(PGT검사): 비정상 태아의 임신과 유산을 예방하기 위해 배아 이식 전에 배아 스크리닝(screening) 검사를 실시, 건강한 아이를 출산할 수 있도록 하는 방법.

조기폐경 안 되려면
난소, 자궁 건강 관리하세요

김민재 원장
에이치아이여성의원

가톨릭대 의대 졸업. 삼성서울병원 생식내분비 전임의.
강서미즈메디병원 난임클리닉 진료과장. 현 에이치아이여성의원 원장

#조기폐경과 AMH 검사 #난자동결 임신 성공 확률
#루프 피임, 임신중절수술은 자궁의 적
#난소낭종 수술 타이밍

여성의 수태 능력을 가늠할 수 있는 것이 바로 월경이다. 매달 한 번씩 제때 찾아오는 월경은 생명 잉태가 충분히 가능한 몸이라는 증거다. 그런데 아이를 낳기도 전에 '조기폐경'이라는 청천벽력 같은 일을 경험하는 30~40대가 적지 않다. 심지어 20대 미혼인데 조기폐경이 되는 경우도 늘고 있다. 김민재 에이치아이여성의원 원장은 "매달 정상 생리를 한다고 해서 무조건 정상이라고 생각해서는 안 된다"며 "산부인과를 뒤늦게 찾아 난임이 되는 일은 없어야 한다"고 강조한다.

나이를 배신하는 난소

매달 생리를 하면 난소가 건강한 거 아닌가요.

꼭 그렇지는 않아요. 과거에 난소 수술을 받았다든지 조기폐경 가족력이 있는 경우, 그리고 35세가 넘었는데 출산 경험이 없다면 꼭 난소기능 검사를 받으라고 권하고 싶어요. 20대에는 최소 2년에 한 번, 30대에는 1년에 한 번 정도씩 정기적으로 초음파 검사를 받는 게 좋아요. 성 경험이 있다면 자궁경부암 검사를 1년에 한 번씩은 받아야 하고요.

임신을 준비하고 있다면 어떤 산전검사를 해야 하나요.

기본적으로 초음파 검사와 자궁경부암 검사, 그리고 풍진 항체와 간염 항체 등을 확인하는 혈액검사와 소변검사를 하는 게 좋아요. 가능하면 난소기능 검사도 미리 해두면 좋고요. 난소기능은 한번 떨어지기 시작하면 되돌릴 방법이 없거든요. 특히 난소기능 저하 위험성이 있는 분이라면 꼭 받아보라고 권하고 싶어요.

　여성은 두 개의 난소에 평생 사용할 난자(20만~30만 개)를 담고 태어난다. 흔히 한 달에 한 개의 난자를 배란한다고 해서 '평생 사용하는 난자가 450~500개'라고 생각하기 쉬운데, 그렇지 않다. 그 한 개의 난자를 배란하기 위해서 수십 개의 난자가 함께 자란다. 만약 나이에 비해 난소기능이 많이 저하된다면 난소 노화와 함께 난소 안에 남은 난자까지 빠른 속도로 소진될 수 있다.

　난소기능 검사란 난소에 배란될 수 있는 난자가 얼마나 들어 있는지 살펴보는 검사로, 그 여성의 수태 능력을 짐작할 수 있는 기초 자료가 된다. 난소기능 검사는 생리 2~3일째에 난포자극호르몬_FSH_과 에스트라디올_E2_ 수치를 파악하는 혈액검사, 초음파를 통해 6mm 이하 난포 수를 세는 AFC 검사가 대표적이다.

　난소 나이를 알 수 있는 최신 검사로 항뮐러관호르몬_AMH_ 검사가 있다. FSH와 E2 검사는 생리 2~3일째에 하지만, AMH 검사는 생리 며칠째에 상관없이 혈액으로 간단하게 검사할 수 있으며, 다른 검사에 비해 비교적 난소 노화 정도를 더 빨리 정확하게 알 수 있다. 나이에 비해 난소 노화가 더 진행되었어도 기존 FSH, E2, AFC 등에서는 정상으로 보일 수 있기 때문에 요즘 난임 전문의료기관에서는 AMH 검사와 AFC 검사를 같이 함으로써 더 정확하게 난소 나이를 가늠하는 추세다.

　AMH는 난소 안에 있는 원시난포(미성숙 난포)에서 분비되는 물질이다. 난포 수가 많으면 수치가 높게 측정돼 나이별로 평균 수치가 예상된다. 예를 들어 AMH 검사 수치가 1.0이면 43세, 2.0이면 38세, 3.0이면 34세, 4.0이면 30세 정도라고 짐작하면 된다. 0점대라면 폐경이 임박했음을 뜻한다.

AMH 검사가 0점대로 나오면 폐경인 건가요.

사람마다 차이가 있어요. 혈액검사에서 AMH 수치가 0.8로 나왔는데 난소 상태가 40대 후반까지 잘 유지되는 분도 있어요. AMH 수치가 2점대였는데도 금방 안 좋아지시는 분도 있고요.

난소기능을 되돌린 순 없나요.

한번 떨어지면 어떻게 할 수 없어요. 하지만 의사와 상담해서 난자를 냉동해 놓았다가 시험관아기 시술*IVF*을 시도해 볼 수는 있어요.

폐경이 임박한 노화된 난자를 냉동해 놓는 게 의미가 있을까요.

그렇긴 해요. 난자 동결은 배아 동결(수정란 동결)에 비해 성공률이 많이 떨어지는 편이에요. 그래도 폐경이 코앞에 있다면 대책 없이 넋 놓고 있는 것보다는 난자를 동결해 놓는 게 그나마 나은 방법이라는 겁니다. 물론 난자를 동결한다고 해서 나중에 무조건 임신이 된다는 보장은 없고, 실패율도 높아 전문의와 충분히 상담한 후에 결정해야겠죠.

냉동 난자를 해동했을 때 무사할 확률이 얼마나 되나요.

해외 임상경험을 보면 난자를 해동했을 때 생존 확률은 65~90% 정도이고, 해동한 난자로 정자를 수정시켜 임신한 확률은 14~16% 정도예요. 우리나라는 아직 초창기라 해동한 난자로 임신을 시도한 케이스 자체가 드문 실정이고요.

난자 동결은 어디서 할 수 있나요.

난임 전문의료기관은 거의 다 가능합니다. 대학병원에서는 암 환자가 많다 보니 항암 치료 전에 미리 난자(혹은 정자) 냉동을 권해요. 항암 치료를 받게 되면 아무래도 생식세포까지 잘못될 수 있거든요.

난자 동결 비용은 어느 정도인가요.

병원마다 차이가 있어요. IVF 비용이 200만~400만 원인데, 난자만 동결할 때에는 난자를 키우는 과배란(많은 난자를 키워내기 위한 주사제) 주사 비용과 난자 채취 비용만 들어가니까 100만~200만 원 수준일 겁니다.

착상의 핵심 자궁내막

난소기능 저하가 예고되는 미혼 여성에게 피임약을 처방한다고 하던데요.

피임약에는 정상적인 생리주기가 돌아가는 데 필수적인 에스트로겐과 프로게스테론이라는 두 가지 호르몬이 들어 있어요. 피임약을 복용하면 외부에서 호르몬이 들어오는 셈이니까 난소는 배란을 시키지 않고 쉴 수가 있는 겁니다. 배란이 안 되니까 임신도 안 돼 피임약이라고 지칭하지만, 호르몬 치료 목적으로도 많이 사용됩니다. 물론 피임약을 먹는 동안 배란이 안 된다고 해서 난자가 비축되는 것은 아니에요. 난소 안에 있는 난자는 시간의 흐름에 따라 서서히 소멸되니까요. 미혼 여성에게 피임약을 처방하는 건 난소기능 저하를 막기 위해서라기보다는 호르몬을 규칙적으로 공급해 주어서 생식체계가 균형 있게 돌아가고 생리주기를 맞춰주기 위한 목적이 더 크다고 볼 수 있어요.

피임약을 먹으면 불임이 된다는 속설이 있던데요.

말도 안 되는 소리예요. 물론 흡연자가 피임약을 복용하는 경우 혈전증 위험이 있을 수는 있어요. 또 피임약을 수십 년간 복용한 경우 골밀도 감소 같은 부작용이 생길 수 있다는 연구 결과가 있고요. 하지만 가임기에 잠깐 몇 년 정도 복용하는 것은 문제가 안 돼요. 오히려 루프(피임 기구)를 끼우는 분들이 자궁내막이 얇아져서 난임이 될 수 있더라고요.

피임 기구인 루프가 내막을 얇게 할 수 있다는 얘기인가요.

모든 루프가 그렇지는 않지만, 간혹 자궁내막에 염증을 일으키는 경우가 있어요. 특히 구리 성분으로 된 루프 같은 경우 자궁 안에서 화학반응을 일으키기도 해요. 그 경우 자궁내막에 손상을 줄 수 있겠다고 짐작해 보는 거죠. 황체호르몬이 포함된 루프를 사용한 경우 황체호르몬 성분의 영향 때문인지 내막이 얇아져서 병원에 오시는 경우가 있더군요. 임신한 적이 없는 여성들은 단순히 피임을 목적으로 루프를 끼우지 않았으면 좋겠어요. 임신하려면 자궁내막을 최대한 보존해야 하니까요.

여성의 몸은 생리가 시작되면 생식체계가 리셋된다. 리셋이 되면 뇌하수체는 난자를 키우기 위해서 FSH를 혈액에 띄워서 내려보낸다. 난소는 이를 수용해서 난포(난자를 품은)를 키우고, 난포가 자라면서 E2를 분비한다.

E2가 분비되면 자궁내막에서 이를 수용해 배란 때 자궁내막이 자라게 되고, 난포가 어느 정도 성숙되면 뇌하수체가 LH(난자를 마지막으로 성숙시키는 호르몬)를 분비하고, 난소가 LH를 수용해서 드디어 배란을 시킨다.

난소에서 난포가 배란된 자리에서 황체가 형성되는데 이 황체에서 분비되는 게 바로 프로게스테론(황체호르몬)이다. 프로게스테론이 분비되면 자궁내막이 더 두꺼워져서 수정란이 착상되기 좋은 환경이 완성된다. 하지만 수정란이 내려오지 않으면 황체가 퇴화해 프로게스테론 분비가 줄어들고, 급기야 자궁내막이 피와 함께 쓸려 내려간다. 이것이 생리다. 프로게스테론이 참으로 신기한 것이 임신이 아닌 상황이 감지되면 바로 에스트로겐 분비까지 억제하면서 생식 주기를 리셋시키는 역할까지 담당한다.

임신중절수술은 자궁내막을 손상케 한다는데, 사실인가요.

자궁에 착상된 태아를 억지로 떼어내다 보면 자궁내막이 손상될 수밖에 없어요. 자궁내막이 얇아지는 이유 중 한 가지가 임신중절수술을 반복하거나 임신중절수술 후 염증이 생기는 경우예요. 염증이 생기면 자궁내막이 손상될 수 있어요. 심지어 자궁내막 벽이 서로 들러붙는 유착까지 생길 수 있어요. 그렇게 되면 무슨 약을 써도 소용없게 됩니다. 피임을 제대로 해서 임신중절수술을 하는 비극까지 가지 말아야 합니다.

임신중절수술로 인해 자궁내막을 다칠 수 있는 거군요.

수술로 인해 자궁내막이 손상되더라도 살짝 긁어낸 곳에 조직이 다시 돋아나면 괜찮지만, 자궁내막의 베이스가 되는 기저층까지 손상되면 다시는 발달을 못 해요. 손톱도 그렇잖아요. 손톱을 만들어내는 베이스가 손상되지 않았다면 다시 손톱이 나지만 베이스까지 손상되면 손톱이 안 나요.

임신에서 자궁내막이 중요한 부분이군요.

임신에서 중요한 게 결국 착상이거든요. 난소기능이 나빠도 운 좋게 좋은 난자가 배란되면 정자와 수정이 될 수 있는데, 수정란이 착상을 해야 임신이 되는 거잖아요. 그래서 자궁내막은 착상에서 가장 중요합니다. 배란기가 되면 자궁내막 두께가 최소한 7mm는 되어야 하는데, 4~5mm밖에 안 될 수 있어요. 자궁내막이 얇다고 해서 임신이 전혀 안 되는 건 아니지만, 자궁내막이 얇으면 온갖 약을 써도 어려운 경우가 많더라고요. 특히 자궁내막에 유착이 생기면 더 안 좋아져요. '착상 장애'라는 것이 수정란이 안 좋아서 착상을 못 했을 수도 있지만, 수정란이 좋더라도 자궁내막이 안 좋으면 착상이 힘들 수 있어요.

초음파로 자궁내막이 확인되나요.

그럼요. 하지만 생리 때는 얼마나 두꺼워졌는지 제대로 파악할 수 없어요. 자궁내막은 배란되기 직전에 가장 두꺼워지니까 그때 확실히 알수 있는 거죠.

난소낭종 수술 타이밍

자궁근종이 있는 경우 어떻게 하는 게 좋은가요.

자궁근종이 있다고 해서 무조건 수술하는 건 아닙니다. 예전에는 자궁근종이 발견되면 다 떼어내던 시절도 있었죠. 지금은 자궁근종으로 인한 증상이 있거나, 임신에 방해가 될 소지가 다분할 정도로 위치가 안 좋거나, 크기가 10cm가 넘을 정도로 큰 경우에만 제거해요. 증상이 없고 위치가 임신을 방해하지 않는다면 그냥 두는 게 맞아요. 수술 결정은 의사가 잘 판단해야 해요.

난소에 생긴 물혹이거나 난소낭종의 경우는 어떤가요.

증상이나 임신 계획에 따라 수술을 결정하는 게 좋아요. 사이즈가 3cm를 넘으면 수술을 제안하고, 넘지 않으면 수술을 안 하는 게 원칙이지만 개개인의 상태에 따라 달라요. 난소낭종 크기가 3cm가 안 되더라도 난소암이 의심되면 당연히 제거하자고 합니다. 하지만 단순한 난소 물혹이면 6개월에서 1년 정도 간격으로 초음파를 통해 체크해야 해요. 초음파를 보면 사이즈 변화를 관찰할 수 있거든요. 갑자기 사이즈가 확 커졌거나 증상이 생기면 미혼이라도 제거해야죠. 놔두면 임신에 방해가 될 수 있으니까요. 임신할 계획이 있는 여성이라면 3cm 이상이라도 제거하지 않고 임신을 시도해 보라고 하기도 합니다.

"산부인과에 가서 초음파 검사를 해보니 난소에 물혹이 생겼더라"고 하는 여성이 적지 않다. 물혹이라고 해서 무조건 두려워해선 안 된다.

혹의 정체는 혹 안에 무엇이 들어 있는지에 따라 차이가 있다.

난소는 모두 물이라고 이해해도 좋을 정도다. 한마디로 난소 자체가 물혹인 셈이다. 호르몬 주기에 따라 생길 수 있는 물혹이면 보름을 주기로 생겼다가 사라질 수 있기에 안심해도 된다. 단, 자궁내막증으로 인해 난소에 생긴 물혹(난소낭종)이라면 심도 있게 추적해 봐야 한다. 난소낭종 안에는 초콜릿색의 액체 성분이 들어 있어 일반적인 물혹과는 다르기 때문이다. 혹 안이 단순히 물로 채워져 있지 않고 살로 채워져 있다면 이는 악성 낭종일 가능성이 있다.

자궁내막증에 의한 난소낭종은 어떤 건가요.

자궁내막종이라고도 하는데요. 방치하면 난소가 다른 장기와 심하게 유착될 수 있어요.

난소낭종이 심할 경우 난소를 아예 절제해야 한다고 하던데요.

크기가 너무 커지면 난소를 다 제거해야 하는 비극이 생길 수 있어요. 그러니 정기적으로 초음파로 보면서 비극이 생기기 전에 난소를 최대한 살릴 수 있을 타이밍에 혹을 제거하는 게 맞아요. 대부분의 경우, 수술한다고 해서 심하게 유착되거나 난임이 되진 않아요. 사이즈가 작아지거나 없어지지 않고 점점 커지고 있다면 수술을 고려해 봐야 할 겁니다.

난소낭종이 있다면 수술 타이밍으로 언제가 좋은가요.

임신을 계획하고 있는 사람이 자궁내막증 증상이 있고 생리통까지 심하다면 바로 수술하는 게 좋아요. 수술 후에 바로 임신을 시도하면 됩니다. 하지만 임신 계획이 없는 여성은 수술해도 시간이 지나면 재발해요. 난자가 자라면서 매달 호르몬을 분비하니까 자궁내막이 계속 증식하는 거죠. 이 경우 수술 후에 재발 방지를 위해 피임약 같은 호르몬 처방을 받을 수 있어요.

난소에 자궁내막증이 생기면 난소기능이 떨어질 수 있지 않나요.

수술 전에 난소기능 검사를 꼭 해봐야 해요. 자궁내막증의 경우 특히 난소에 여러 개의 난소낭종(자궁내막종)이 생길 수 있거든요. 수술로 유착을 박리하는 과정에서 난소가 심하게 손상될 수 있어요. 그래서 수술 전에 난소기능 검사를 해봐야 합니다. 나이가 많고, 난소낭종의 크기가 크고, 여러 개가 있는 데다 유착까지 심하다면 당장 수술해야겠지만 의사는 고민해 봐야 해요. '수술하면 난소기능이 100% 떨어질 것 같다'고 판단되면 기혼 여성은 수술 안 하고 바로 IVF를 하자고 할 수 있는데, 미혼 여성이라면….

자궁내막증은 임신이 치료

난소라는 조직은 다른 장기처럼 일부가 손상되면 빠르게 재생시키는 능력이 없다. 난소는 회춘을 꿈꿀 수 없는 장기이며, 한번 제거되면 그 길로 생명 잉태의 씨가 없는 채로 살아야 한다.

수술하더라도 산부인과 선택이 중요할 것같아요.

그럼요. 수술은 부인과에서 하더라도 난임 전문의료기관에 가서 상담이라도 받아보라고 권하고 싶어요. 수술만이 능사가 아닐 수 있거든요. 당장 결혼 계획이 없더라도 앞으로 임신을 원한다면 수술 후에 임신 시도가 가능할지, 수술로 인해 난소기능이 떨어지진 않을지 등을 살펴봐야 합니다.

수술을 누가 하느냐에 따라 임신 여부가 다를 수 있나요.

그럴 수 있죠. 난임 쪽 마인드가 없으신 의사들이 있어요. 부인 종양을 전공하는 의사들은 난소낭종을 제거할 때 근치적(병을 완전히 고침) 치료라고 해서 깨끗하게 없애는 수술을 많이 해요. 물론 난소 부위도 많이 제거되고요. 근치적 치료를 하면 재발률이 현저하게 낮아지긴 하지만 난소기능이 뚝 떨어지는 거죠.

난임 전문의라면 차후 임신할 수 있는지 여부까지 염두에 두고 수술하겠군요.

그럼요. 수술하기 전에 난소기능 검사를 꼭 해봅니다. 제 나이에 비해 난소기능이 조금씩 떨어지고 있는 여성이라면 수술부터 생각할 순 없거든요. 기혼 여성이라면 수술보다는 임신을 빨리 하기 위해 노력해야 해요. 자궁내막증의 경우 임신하면 더는 악화되지 않아요. 출산 후에 증상을 봐가면서 수술해도 늦지 않아요.

자궁내막증은 임신이 치료라는 말이 있다. 임신이 되면 난자가 안 자라고 배란이 안 되면서 호르몬이 분비되지 않아 엉뚱한 곳에 증식하고 있는 자궁내막증이 더는 악화되지 않기 때문이다. 실제로 자궁내막증이 심한 경우 첫아이는 IVF로 임신했지만, 둘째는 자연임신으로 낳는 경우가 적지 않다.

여성들이 검사 없이 자신의 생식기 건강을 자가 체크할 방법이 있을까요.

평소 생리주기와 생리량, 생리통을 잘 살펴야 합니다. 여성마다 고유의 패턴이 있거든요. 대체로 생리주기가 28일에서 31일까지는 규칙적인 주기라고 볼 수 있어요. 하지만 생리가 너무 자주 나온다거나, 반대로 너무 안 하는 경우라면 배란 장애를 의심해 봐야 합니다. 또 생리주기가 보통 때보다 자꾸 빨라지면 난소기능 저하를 의심할 수 있어요. 산부인과에 가서 진료를 받아보셔야 해요.

월경량으로 생식기 건강을 체크할 수도 있나요.

조금은요. 생리 기간이 4~7일이 보통인데, 월경량이 지나치게 많거나 적어지고, 이런 일이 계속 반복되면 병원에 가는 게 좋아요. 또 생리가 아주 짧게 하루 이틀 비친다거나 일주일 넘게 나오면 무배란성 출혈일 가능성이 있어요. 생리통도 언제부터인가 아주 심하다면 자궁내막증이나 자궁근종 같은 부인과 질환을 의심해 봐야 해요. 미혼이라도 나중(임신과 출산)을 생각해서 꼭 산부인과에 가서 체크하길 권합니다.

조기폐경이라고요?
저도 임신했어요

김미경 원장
사랑아이여성의원

차의과대학 의학과 졸업. 차의과대학 의학과 박사.
강남차병원 여성의학연구소 조교수. 현 사랑아이여성의원 원장

#난소기능 저하도 유전 #조기폐경 원인
#난소기능 저하 전조 증상
#배란일에 연연하지 말고 뜨겁게 사랑하라

제아무리 타의 추종을 불허하는 수태력을 자랑한다고 해도 나이에서
는 자유롭지 못하다. 특히 여성은 더더욱 그렇다. 온갖 기능성 화장품
으로 주름은 가릴 수 있을지 몰라도 난소 나이를 붙잡을 수는 없다. 난
소가 늙으면 난자도 같이 소멸되는 법이라서 더 그렇다.

35세를 기준으로 에그 퀄리티(난자 품질)가 하강 곡선을 그리기 시작한
다. 이때부터 수정률이 감소하고 염색체 이상 난자도 증가한다. 유전적
요인으로 인해 난소가 빨리 노화되는 여성이라면 가임 능력 보존의 시
간은 더 짧아진다. 자궁은 외부에서 호르몬주사 투입으로 기능을 되돌
릴 수 있지만 난소는 힘들기 때문이다.

여성가족부 발표에 따르면 초혼 연령은 매년 높아져 2020년 평균 남
성은 33.2세, 여성은 30.8세였다. 요즘 남성과 여성들이 어지간하면 서
른 전엔 결혼하지 않는다는 얘기다. 더욱이 이혼율 증가에 따라 재혼하
는 남녀도 늘고 있다. 그러니 고령으로 인한 난임은 불 보듯 뻔한 결과
가 아닐 수 없다.

난소기능 저하도 유전

김미경 사랑아이여성의원 원장은 10년 가까이 난임 치료를 해오면서
도 정작 자신의 난소기능 저하에 대해서 알지 못했다. 변명하자면 미혼
의 세월이 길었기에 임신과 출산을 산 너머의 일쯤으로 여겼던 것. 아
무리 등잔 밑이 어둡다지만 자신의 난소가 폐경으로 치닫고 있다는 걸
알지 못했다니, 그것도 난임을 전문으로 하는 의사가 말이다.

"그러게 말이에요. 몇 년 전에 고종사촌 동생이 시험관아기 시술*IVF*을 했어요. 그때 피검사로 난소 나이를 체크해 보니 심각하더라고요. 항뮐러관호르몬*AMH* 수치가 0점대면 폐경이 가깝다는 얘기거든요. 그때 '혹시 나도?' 하는 의심을 가졌죠. 바로 검사해 보니까 AMH 수치가 0.4가 나오더군요. 폐경이 임박한 거죠. 그때 전 미혼이었고 겨우 서른여섯 살이었는데…."

AMH는 난소 안에 있는 동난포(미성숙 난포)에서 분비되는 물질이다. 간단하게 설명해 난포 숫자가 많으면 AMH 수치가 높게 나오고, 폐경이 가까우면 낮게 나온다. 그래서 혈중 AMH 검사를 통해 난소의 용적을 파악하고 폐경 시기를 대충 가늠할 수 있다.

AMH 검사는 어떻게 하나요. 검사 결과로 난소 나이를 정확하게 알 수 있나요.

생리 며칠째에 상관없이 혈액검사로 가능해요. AMH가 0점대라면 난소가 45세 이상, 1점대는 40대 초반, 2점대는 38~39세, 3점대는 34세, 4점대는 30세 정도로 보는 거예요. 6점대 이상이면 너무 많은 난자가 자라는 다낭성난소증후군을 의심해 봐야 해요. AMH 검사를 바탕으로 초음파를 통해 난소를 보게 되면 더 정확하게 알 수 있어요. 폐경이 될 즈음에는 난소 크기가 확 줄어들거든요. 난소가 기능이 좋을 땐 탁구공 크기였다가 폐경이 될 땐 땅콩만 해져요.

난자는 모계유전인데, 고종사촌 간에도 난소기능 저하가 유전될 수 있

나요.

여성은 XX잖아요. X염색체 한쪽은 어머니에게서 받지만 다른 한쪽은 아버지에게서도 받아요. 보통 모계유전이라는 건 엄마·이모·외할머니 난자의 세포질을 통해 전달되는 미토콘드리아가 같다는 것이고, 염색체를 통한 유전은 또 다른 문제거든요. 아버지한테 받은 X염색체는 친할머니의 X염색체와 동일하고, 결국 고모의 X염색체와도 같은 거잖아요. 고종사촌 자매와 제가 같은 X염색체를 가질 수 있는 거죠. 그런데 제 여동생은 난소기능이 좋은 걸 보면 저만 아버지 쪽에서 받은 X염색체가 활성화된 것 같아요.

30대 중반에 폐경이 임박했다는 결과가 나온 거네요.

많이 울었어요. 제 환자 중에도 난소기능 저하인 분이 많았지만, 그분들을 치료하면서도 제가 그럴 거라고는 상상도 못 했어요. 결혼할 남자에게 아이가 없어도 살 수 있는지 물어보긴 했지만, 앞이 캄캄했어요.

조기폐경 원인

정상적인 여성이라면 초경(15세 기준)으로부터 35년째쯤 되면 서서히 폐경을 맞이한다. 폐경은 그야말로 난소 노화와 난자 고갈을 의미한다. 산부인과 통계상 10대의 조기폐경은 0.01%, 20대는 0.1%, 30대는 1%에 달하지만 실제로는 더 젊은 나이에 폐경을 맞는 여성이 적지 않다.

조기폐경이 되는 원인이 뭔가요.

조기폐경의 원인으로는 방사선치료, 자가면역질환, 갑상샘 질환, 항암 치료, 난소 수술, 염색체 이상, 골반염 등 다양하지만 최근에는 무리한 다이어트, 흡연, 스트레스 등에 의해서도 일어날 수 있어요. 그런데 40세 이전에 난소기능이 떨어져서 무월경이 될 경우 초기에 성장호르몬이나 DHEA 처방 같은 치료를 받으면 임신의 기회를 살릴 수 있어요. 이런 경우 폐경이라기보다는 '조기 난소 부전'이라고 해야죠.

왜 옛날 여성에 비해 요즘 여성들이 난소가 더 빨리 노화되는 건가요.

아이를 안 낳아서 더 그럴 거예요. 임신하고 출산하면 난소 입장에서는 방학이거든요. 난자도 세이브가 되고요. 할머니 세대는 다산을 하니까 난소가 그만큼 젊고 건강했던 거죠. 예를 들어서 아이 여럿 낳은 마흔 살의 여성과 한 명도 안 낳은 마흔 살 여성의 난소는 달라요. 임신율도 다르고요. 수태력이 같을 수가 없어요. 요즘은 초경을 시작으로 첫 임신이 늦어지니까 줄기차게 매달 배란이 돼요. 난소가 쉴 틈이 없는 거죠.

30대 중반에 난소기능 저하가 심했으면 유전인 거네요.

그런 것 같아요. 난소와 유방암 등은 가족력을 무시할 수 없거든요. 엄마나 이모, 언니가 조기폐경이 되었거나 난소에 문제가 있었다면 자신도 의심해 봐야 해요.

외국에서는 조기폐경 가족력이 있을 때 미혼인데도 피임약 처방을 한

다고 하는데, 도움이 되나요.

그럴 수 있어요. 피임약이 결국 호르몬제거든요. 호르몬제 복용을 통해 몸 밖에서 배란 때처럼 똑같은 환경을 만들어주는 식이에요. 난소는 쉬게 하고 에스트로겐과 프로게스테론을 시기에 맞게 공급해서 마치 배란이 된 것 같은 환경을 만들고, 임신이 안 되면 자궁내막을 피와 함께 배출시키는 거예요. 피임약을 먹게 되면 난자 배란을 아낄 수 있어요. 하지만 난소기능 저하가 시작되면 난자도 함께 소멸되기 때문에 피임약은 완벽한 대안이 아니라고 봐요. 차라리 젊을 때 난자 은행에 가서 난자를 냉동해 두는 게 좋아요.

난소기능 저하 전조 증상

고령이거나 난소기능이 심하게 저하된 여성이 임신을 기다릴 때 중요한 점이 뭘까요.

환자에게 제 얘기를 해주면서 '같이 임신합시다'라고 권했어요. 저도 저 같은 케이스 환자가 임신에 성공하는 걸 보면서 희망을 잃지 않았고요. 자연임신이 된 적이 있다고 해서 넋 놓고 기다리면 안 됩니다. 저도 결혼하자 바로 임신했지만 유산이 되었어요. 자연임신이 가능하다는 게 증명돼서 기쁘긴 했지만, 그때부터가 중요해요. 헛된 희망을 걸고 시간을 끌면 큰일 나요. 제 환자 중에는 민간요법을 하다가 거의 폐경이 되어서 오는 경우가 꽤 있어요. 인정할 건 인정하고 적극적으로 IVF를 시도해 봐야 해요. 시간이 없으니까요.

난소기능 저하의 전조 증상이 있나요.

최근 1년간 월경량이 눈에 띄게 감소했거나 생리주기가 길어졌다 짧아졌다 하는 등 불규칙해졌다면 난소기능 저하를 의심해 봐야 합니다. 여성에게 생리주기는 아주 중요해요. 폐경이 임박하면 생리주기가 짧아지거든요. 생리주기가 긴 것은 문제가 안 되지만 자꾸 짧아진다면, 또 짧아졌다 길어졌다를 반복한다면, 그러다가 간혹 생리가 중단되기도 한다면 조기폐경이 아닌지 의심해 봐야 합니다.

여성의 경우 스트레스가 극도로 심하거나 충격을 받았을 때 생리가 몇 달씩 끊기기도 하잖아요.

큰 충격을 받으면 그럴 수 있어요. 여성의 경우 시상하부가 감정의 영향을 받아요. 아무래도 충격의 강도가 높으면 시상하부의 정상적 조절 능력을 저하시킬 수 있는 거죠. 정상적인 생리를 위해서는 시상하부·뇌하수체·난소에서 호르몬 자극과 반응이 유기적으로 일어나야 하는데, 시상하부의 정상적인 조절 능력이 저하되고 뇌하수체에서 호르몬 분비가 교란되면 부정 출혈이 생기거나 생리가 끊기거나 배란 장애가 생기는 등의 증상이 나타날 수 있어요.

뇌 시상하부는 자율신경계뿐만 아니라 우리 몸의 주요 호르몬 분비를 조절하는 기능을 도맡은 중요한 부위다. 특히 매달 생리를 하게끔 생식 관련 호르몬을 분비시켜 배란이 되고 생리를 하는 것이기에 지나친 스트레스가 무월경 혹은 생리 불규칙을 유발할 수 있다는 것. 다시 말해서 시상하부 뇌신경중추의 부신피질자극호르몬과 세로토닌 시스템 간에 교란이 생기면 성선자극호르몬이 감소하게 되면서 무월경이 될 수 있다는 얘기다. 이것이 정신과 처방에서 우울증 치료제$SSRI$로 무월경을 치료하는 이유이기도 하다.

한편 폐경이 가까워진다고 반드시 생리혈이 줄어드는 것은 아니다. 자궁선근종이나 점막하 근종, 자궁내막 폴립 등이 있으면 생리혈이 증가하기 때문이다. 하지만 다른 질환 없이 생리혈이 급격하게 감소했다면 난소기능에 대한 문제도 확인해 볼 필요가 있다.

생리가 불규칙하면 배란일 디데이D-day 잡기가 힘든데, 난소기능 저하 여성이 임신하려면 힘들 수 있겠어요.

난소기능 저하라면 생리주기가 짧아지니까, 생리가 끝나자마자 배란이 된다고 봐야 해요. 교과서대로 생리로부터 14일째 배란이 아니랍니다. 보통 배란이 되면 14일 후에는 생리가 나와요. 생리가 늦어졌다면 배란이 늦게 된 것이고, 생리가 빨라졌다면 배란도 빨라진 거예요. 여성의 경우 나이와 컨디션에 따라 배란이 공식에서 벗어날 때가 많아요. 생리주기가 너무 길면 배란 공식을 적용할 수 없어요. 의사의 도움(초음파)을 받아야 해요.

자연임신을 하신 걸 보면 산부인과 전문의라서 배란 디데이를 정확하게 짚으셨나 봅니다.

배란일이라고 생각되는 날에 남편이 출장을 가서 부부 관계를 못 했어요. 계산해 보면 배란일이 아닌 날에 임신이 된 거예요. 산부인과 의사인 저도 배란일을 정확하게 알지 못한 거죠. 그러니 임신을 기다리는 부부들이 배란일에 관계해야 한다는 것에 너무 연연하지 않았으면 좋겠어요. 전 환자들에게 '남편이 유혹 안 되면 하지 말라'고 해요.

배란일에 연연하지 말고 뜨겁게 사랑하라는 얘기인가요.

환자들에게 소위 배란 예상일에 맞춰서 숙제(부부 관계)를 내주면서 '남편에게 절대로 배란일이라고 말하지 마세요. 남자와 여자의 사고 방식이 달라서 남자는 강박관념이 있으면 잘 안될 수 있고 흥이 안 나는 법'이라고 말해요. 아내가 날짜를 잡았다고 말하면 남편이 '내가 동물이냐?'라고 한다더라고요. 실제로 배란일이라는 말을 듣는 순간 발기가 안 될 수 있어요.

산부인과에 안 가더라도 스스로 배란일을 알 수 있는 방법이 있나요.

배란 테스트기가 있어요. 배란 하루 혹은 이틀 전에 LH(황체형성호르몬)가 최대로 증가하는데, 이 호르몬 변화를 배란 테스트기가 감지해요. 또 질 분비물로도 알 수 있어요. 배란기가 되면 에스트로겐의 영향으로 점액이 많아져요. 마치 달걀흰자처럼 묽으면서도 끊어지지 않는 거죠. 그런데 미혼 땐 잘 느낄 수 없어요. 결혼해서 부부 관계를 해보면 훨씬 덜 아프고 빡빡하지 않다는 느낌이 오는 날이 있어요. 그때가 배란 최적기라고 보면 됩니다. 배란 이후에는 프로게스테론의 영향으로 질이 다소 건조해지거든요. 기초체온은 불규칙해요. 배란이 되어야 기초체온이 올라가기 때문에 타이밍이 늦는 거죠.

배란 기간은 생각보다 짧다. 일반적으로 "배란일은 생리 예정일로부터 14일 전이며, 정자의 경우 3~5일 자궁 속에서 생존할 수 있고, 난자의 경우 적어도 1~2일 생존한다"라고 알려져 있다. 과연 그럴까? 임신을 기다리는 부부들은 교과서에 적힌 배란 공식을 참고하고 난자 생존 기간과 정자 생존 기간까지 계산해서 가임 가능성의 날을 6~7일로 잡는다. 산부인과 백과사전에는 이렇게 적혀 있다. "난자는 배란이 되고 8시간 경과하면 노화되기 시작하며, 늦어도 12시간 이내에 정자와 난자가 만나지 못하면 난자의 수정 능력이 상실된다." 결론적으로 배란이 된 난자가 정자를 간절히 기다리는 시간은 길어봐야 평균 12~15시간이라는 것. 계산상 한 여성이 1년에 12~13회 난자를 배란시키고, 1년 8760시간 중에 겨우 180여 시간 동안 정자를 기다리는 셈이다. 그 짧은 시간에 난자는 정자를 만나야 하고, 만나더라도 건강한 난자와 정자가 수정되어야 출산이 가능하다.

난자가 늙어간다

타이밍은 이해가 되는데 건강한 정자와 난자가 수정되어야 출산할 수 있다는 건 무슨 말인가요.

여자 나이 35세 이하는 25%, 35~37세는 20%, 38~40세는 15%, 41~42세는 10%, 42세 이상은 5%의 난자만이 정상 난자라는 연구 보고가 있어요. 만약 비정상 염색체를 가진 난자로 수정이 되면 착상이 될 순 있겠지만 유산이 되어요. 그래서 여자 나이 35세 이상에서 불임, 난임, 유산이 많이 발생하는 거죠.

나이가 많아도 건강한 난자만 배란되면 자식을 낳을 수 있는 거 아닌가요.

그럼요. 건강한 난자의 배란이 확률적으로 떨어진다는 것이지 얼마든지 가능한 일이에요. 임신 12주를 무사히 잘 넘겼다면 건강한 아기일 가능성이 높아요. 태아가 염색체 이상이 심하거나 문제가 있다면 임신 12주 전에 유산돼 버리거든요.

여성의 자식에 대한 집착은 엄청난 에너지인 것 같아요.

간절한 마음으로 젖을 물리면 출산하지 않았는데 젖이 나온다는 옛말이 있잖아요. 그럴 수 있을 거예요. 유즙분비호르몬(프로락틴) 수치를 올리는 기전이 여러 가지거든요. 자는 동안에도 올라갈 수 있고 스트레스가 심해도 올라갈 수 있어요. 아기가 젖을 힘차게 빨면 프로락틴 수치가 올라갈 수도 있어요. 여성은 신비 그 자체예요. 상상임신도 임신이 아니라는 걸 명백하게 증명하는 순간까지 호르몬 분비가 되는 거잖아요. 우리 몸의 사령탑은 뇌에 있지만 생명을 잉태하는 여성의 사령탑은 뇌가 아니라 뜨거운 가슴에 있는 것 같아요.

사주에 자식 없어도
'때'를 기다려라

이윤태 전 원장
수목여성의원

1960년생. 연세대 의대 졸업. 강남 미즈메디병원 내시경센터장.
연세모아병원 원장. 수목여성의원 원장

#숫자 '3'과 난임 의학 #임신이 잘 되는 비결
#조기폐경 늦출 수 있다 #난소 망치는 유해환경
#난소 건강 위한 7계명

"시험관아기 시술_IVF_ 기술이 계속 발전한다고 임신 성공률이 60~70%까지 올라갈 수 있을까요? 전 아니라고 봐요. 항상 30~40%일 겁니다. 왠지 아세요? 그게 우주의 법칙이고 자연의 순리니까요. 이 진리를 기원전에 이미 노자가 꿰뚫어 봤더군요. 어떠한 생명이 잉태된다고 해도 자연의 섭리상 30%만 살아남게 된다는 걸 그분이 알고 있었더라고요. 노자의 '도덕경' 읽어보셨어요?"

노자는 중국 춘추전국시대 초나라에서 활동한 사상가로, 무위자연(無爲自然)과 무위무욕(無爲無欲)을 전파한 도가 사상의 대가(大家)다. 이윤태 전 수목여성의원 원장은 서양의학을 전공한 산부인과 의사이지만 우주생성설과 음양의 자연학을 거론하며 노자의 관점으로 생식의학의 한계를 설명했다.

숫자 '3'과 난임 의학

"도덕경 50장에 이런 말이 나와요. '出生入死(출생입사) 生之徒十有三(생지도십유삼) 死之徒十有三(사지도십유삼) 而民生生動(이민생생동) 皆之死地之十有三(개지사지지십유삼) 夫何故也(부하고야) 以其生生也(이기생생야)'라. 태어난다는 것은 죽음으로 들어가는 것인데, 생기되 세상에 나오지 못하고 사라지는 생명이 열에 셋은 되고, 태어났지만 중간에 죽는 생명이 열에 셋 정도 된다는 뜻이에요. 노자께서 이걸 어떻게 알았는지 너무 대단해 보이더라고요. 기원전에 의사도 아니면서 유산율이 30%인 걸 어떻게 알았을까, 정말 신기하더군요."

이 원장에 따르면 생물학적으로 단태동물이 임신하면 배 속에서 30%가 저절로 걸러진다고 한다. 세상에 나와 스스로 생존할 수 있는 개체만 태어난다는 것이다.

"사람도 임신하면 8주 전후로 문제가 있으면 자궁에서 걸러집니다. 자연임신을 했건 인공적인(인공수정 또는 IVF) 임신을 했건 자연유산율이 25~30% 돼요. 이것이 자연의 원리이면서 의학의 한계와 부딪치는 부분이에요. 결국 30%만 사는 겁니다. 야구에서 타자의 3할대와 같은 이치라고 보면 돼요. 어떻게 보면 세상일이란 게 숫자 '3'과 깊은 연관이 있는 것 같아요. 자연의 순리에서 3은 정말 중요한 이치 같습니다."

숫자 '3'을 의학의 한계와 연관 지어 유추하는 게 이채롭다.

"노자는 도덕경에서 '도생일 일생이 이생삼 삼생만물(道生— —生二 二生三 三生萬物)'이라고 했어요. 도가 일(1)에서 생기고, 일(1)은 이(2)를 낳고, 이(2)는 삼(3)을, 삼(3)은 만물을 낳는다는 거죠. 만물의 생성 중심에 3이 있다는 겁니다. 우주 만물의 생성 원리이며 3에서 만물이 나온다는 삼생만물(三生萬物)인 거죠. 여기서 도(道)가 비롯되었다는 거예요."

숫자 '3'은 동양뿐 아니라 서양철학은 물론이고 세계 각국의 신화에 이르기까지 중요하게 거론돼 왔다. 플라톤은 숫자 3을 '이데아의 숫자'

라고 했고, 아리스토텔레스는 '일체'라는 표현에 들어맞는 최초의 수라고 했다. 피타고라스는 '삼각형은 우주적 의미에서 생성의 시작'이라고 했다.

동양도 예외가 아니다. 숫자 3이 신성하고 길한 수(數)로 인정받았으며, 특히 우리나라에서는 양수(陽數)이자 길한 숫자이므로 3이 두 번 겹치는 날을 '양기가 가득한 날'로 손꼽았다. 삼족오, 삼신, 삼재 등에서 알 수 있듯이 3은 우리 민족에게 신성에 가까웠다.

그러고 보니 자식을 점지해 주는 할머니도 삼신(三神)이네요.

삼신할머니라고 할 때 '삼'은 숫자 3과 탯줄의 의미를 같이 말한다고 봅니다. 삼신(三神)의 '三'을 숫자가 아니라 삼태(三胎)로 하는 거죠. '삼'은 배 속 아이를 싸고 있는 막과 태반, 태보(胎褓)의 '태(胎)'로 풀이한다고 알고 있습니다. '태(胎)'를 국어사전에서 찾아보면 사물의 기원으로 '시작'과 '아이를 배다'라는 뜻이라고 되어 있어요. '태(胎)'는 태반, 탯줄, 태아를 통틀어서 말하는 것이죠. 옛날 사람들은 탯줄을 '삼줄', 즉 새끼줄-탯줄-생명줄로 해석했다고 합니다. 흔히 삼신할머니를 놓고 세 명의 신(神)이 수태, 임신, 자궁을 관장한다고 해석하지만, '삼신'은 '태신(胎神)'을 말하며 '세' 가닥의 혈관이 하나의 탯줄을 이룬다는 것에서 비롯됐을 가능성이 커요. 어쨌거나 우주 자연 삼라만상의 중심에 3이 있다는 겁니다.

달도 초승달, 보름달, 그믐달… 세 가지로 나누네요.

생리주기가 달과 관련이 있어요. 여성의 생리를 서양에서는 멘스

*menstruation*라고 했고, 우리나라는 '월경(月經)'이라고 했어요. 옛날 여성들이 달의 변화를 보면서 생리주기를 계산했던 거죠. 달 변화 주기를 기준으로 합궁 날짜와 월경 시작 날짜를 계산했을 겁니다. 여성의 몸이 달의 변화와 맞물려 있거든요. 달 모양이 14~15일 주기로 변하잖아요. 달이 두 번 변하면 생리를 한다고 계산한 거예요. 28일 만에 생리가 나오고, 임신을 하면 280일 후에 자식을 낳아요.

사주에 없는 자식

서양 의술을 행하는 의사가 명리학에 관심이 있다는 게 특이하네요.

난임 환자들을 진료하면서 가졌던 의문이 있어요. 의학적 한계에 봉착했을 때 '이 사람 사주에 자식이 있을까'라는 물음표를 던지게 되더군요. 흔한 말로 '사주에 애가 있느냐 없느냐'를 궁금해하잖아요. 의사로서 너무 알고 싶었어요. 명리학 공부를 해보니 자식이 '있고 없고'에 대한 약간의 답을 얻을 수 있더군요.

사주로 자식의 유무를 알 수 있나요.

사주상으로 자식이 있다 없다는 두 가지예요. 사주 용어상 '식상(食傷)'이라는 게 있는데, 식상이 '있고 없고'와 오행 중 '수(水)가 있느냐 없느냐'를 보는 겁니다. 식상은 식신과 상관을 말하는 거예요.

쉽게 설명하면 이렇다. 명리학에서 일간(日干) 즉 태어난 날의 오행은 아주 중요하다. 그 일간의 오행을 기준으로 다른 것과의 상생(相生) 상극 (相剋) 관계를 풀 수 있으며, 음양오행을 풀어서 열 가지로 분류할 수 있다. 그것이 바로 사주풀이에서 십성(十星)에 해당한다.

큰 틀로 봤을 때 비겁(比劫)은 형제자매, 식상(食傷)은 자식, 재성(財星)은 남자에게 부친 혹은 아내, 관성(官星)은 여자에게 남편, 인성(印星)은 남녀 모두에게 모친으로 풀 수 있다. 즉 무엇이 있고 없고, 많고 적고가 사주 구성상 기본 틀이 되어서 중요하다는 것이다. 여자는 식신이 있어야 밥그릇이 두둑하고 자식 복이 있을 수 있다고 풀이한다.

사주에 자식이 없는데, 자식을 낳는 분도 있던데요.

그럴 수 있어요. 10년마다 대운이 바뀌니까요. 水(수)가 없는 사람이 대운이 바뀌면서 水(수)가 들어오면 자식이 생길 수 있는 거죠. 운명이라는 것은 불변이 아니라 리듬을 타면서 변화할 수 있는 것이니까요. 살면서 절호의 기회가 오는 순간이 있을 수 있잖아요. 자식도 마찬가지예요. 난임 의사가 명의라서 자식을 만들어주는 게 아니라 그 사람 운이 자식을 잉태할 운이라고 보면 됩니다. 흔히 10년 만에 애가 생겼다고 하잖아요. 왜 하필 6년도 아니고 7년도 아니고 10년 만에 애를 가졌을까요. 그건 10년 주기로 대운이 바뀌면서 그 부부에게 부족한 무엇이 채워져서 성공했다고 보면 됩니다. 얼마 전에도 제 환자분이 10년간 안 되던 임신이 되었다고 아기 초음파 사진을 올렸어요. 제가 만들어줬지만 그분 운이 임신이 될 운이었던 거죠.

사주에 애가 없는 부부가 원장님에게 온다면 어떻게 대처하나요.

명리학은 55%만 참조합니다. 사주풀이로 그 사람의 운명을 100% 알수는 없어요. 저마다 그 '때'가 중요할 뿐입니다. 본인 사주에 애가 없어도 자식을 낳을 수 있는 분이 많아요. 안 좋을 때는 느긋하게 잊고 취미 생활을 하라고 권해요. '기도 많이 하라'고 하기도 하고요. 기도하면 임신이 된다는 게 아니라 기도의 힘으로라도 소원을 빌어보라는 얘기입니다. 올해는 영 안 되고 내년에 될 것 같으면 좀 쉬었다가 오라고 하고요.

그 '때'를 어떻게 알 수 있나요.

자식을 만날 그때가 되면 스스로 움직여요. 평소 병원에 가고 싶지 않다가 남편을 설득해서 병원으로 가게 만듭니다. 별안간 자식을 낳고 싶어지는 거죠. 누가 가르쳐주지 않아도 때가 되면 본인이 인생을 개척하고 도전하더라고요.

생명의 기운, 생산의 '때'를 느끼기도 하나요.

이젠 좀 보여요. 임신할 때가 되면 아우라Aura가 있어요. 기가 충만하고 환해져요. 난임 여성이 문 열고 들어오는 자태만 봐도 느낄 수 있겠더라고요. 봄에 싹이 틀 때 그 봄기운처럼 따사롭게 밝다고 해야 하나요. 열매가 맺힐 것이 예고되는 기운 같은 거죠.

난임 전문의로서 난자(혹은 정자) 공여를 하면서 임신에 도전하는 걸 어떻게 생각하나요.

난자 공여자가 여자 쪽 자매나 조카면 유전자가 99% 동일해요. 같은 난자라고 봐야 해요. 난자의 세포질과 미토콘드리아가 모계유전이니까요. 그래서 미토콘드리아 마더라는 말이 있어요.

자매간의 난자 공여는 같은 유전자라고 치더라도 정자은행을 이용하거나, 다른 여성의 난자를 이용하면 정말 다른 유전자로 임신하는 것인데.

명리학을 공부하면서 느낀 게 지구에 사는 모든 인간과 동물과 식물이 결국 '별의 먼지'와 같은 존재라는 겁니다. 모두 형제이고 사촌이에요. 지구가 72억 인구라고 하는데, 그랜드캐니언에 72억 인구를 탑으로 쌓아놓은 그림을 보셨나요. 한 사람을 70kg으로 봤을 때 72억 인구무게가 4억9000만 톤이라고 하더군요. 인체에 있는 물의 밀도까지 계산해서 한 사람 평균 부피가 0.07㎥, 인류 전체의 부피를 정육면체로 따지면 한 면의 길이가 788m밖에 안 된다고 해요. 결국 지구에 사는 사람을 다 쌓아도 그랜드캐니언도 못 채우는 겁니다. 인간이 지구의 주인이라는 말은 가당찮아요. 부처님도 도를 닦으면서 1억 번의 전생을 봤대요. 이렇게 따지면 지구에 있는 모든 사람이 나의 엄마이고 형제이고 자손이라고 할 수 있어요. 지구에 잠깐 머물다 갑니다. 흔적도 안 남아요.

명리학을 공부해 보니 실제로 좋은 점이 있던가요.

사람을 이해하는 폭이 넓어졌어요. 사람은 다 같지 않아요. 저마다 매력이 있잖아요. 어떤 사람은 개나리로 태어났고, 어떤 사람은 장미로 태어났어요. 장미에게 개나리가 되라고 할 수 없잖습니까. 개나리는 개나리대로 의미가 있고, 장미는 장미대로 의미가 있지 비교할 필요가 없습니다. 저는 의사로서 환자를 만나면서 '환자마다 자기 인생의 길을 걷는 데 어떤 도움을 줄 수 있을까' 생각하게 되더라고요.

임신이 잘 되는 비결

어떻게 하면 임신이 잘 되나요.

흥부와 놀부의 자식 숫자를 아세요? 놀부는 자손이 없고, 흥부가 자식이 열한 명이었어요. 흥부네는 어찌해서 임신이 잘 되었을까요.

흥부에게 비결이 있었던 건가요.

덜 먹어야 임신이 잘 됩니다. 요즘 사람들 너무 많이 먹어요. 조선 시대 양반집 규수가 임신이 잘 안되었다고 하잖아요. 구중궁궐에서 가만히 앉아서 생활하는 여인네들이 임신이 잘 안되었을 겁니다. '영양 과잉'이면 임신이 잘 안되어요. 요즘 여성들은 단백질 섭취를 줄여야 해요. 임신 잘 되게 하려고 사골국물 대놓고 먹는 난임 여성들이 있는데 콜레스테롤이 높으면 혈관을 막아 자궁으로 가는 혈류가 막힐 가능성이 커요. 고기 섭취는 줄이고 채식 위주로 소박하게 먹으면서 열심히 운동해야 해요. 임신 전에는 위가 가벼운 게 좋아요.

난임 시술보다 내시경 시술을 더 잘하신다는 소문을 들었어요.

내시경 시술은 강남 미즈메디에 있을 때부터 20년간 해왔어요. 솔직히 난임 시술보다 더 편한 부분이 있습니다. 난임 시술에서 임신 성공률이 30~40%라면, 내시경에서 성공률은 95% 이상이거든요. 의사로서 부담도 적고요. 제 생각은 난임은 내과적 난임 시술뿐만 아니라 외과적 난임 시술에 대해서도 자신감이 있을 때 최고가 될 수 있다고 생각해요. 필드에서 만난 난임 환자 중에는 수술 치료가 필요한 경우가 의외로 많거든요.

초음파와 수술의 경험이 많아지면 장점이 많아질 것 같습니다.

진단의 정확성이 높아질 겁니다. 캐나다의 경우 배란일을 보는데 초음파를 안 본다고 하더라고요. 우리나라에서는 절대로 있을 수 없는 일이지요. 외국 학회에 가면 한국 의사들이 초음파로 자궁근종인지 자궁선근종인지 구분하는 걸 놓고 신기해하면서 질문을 많이 해요. 어떻게 자궁 내 질환을 초음파로 아느냐고. 난임 전문의에겐 초음파만으로 자궁선근종을 진단하는 건 중요한 일입니다. 자궁선근종이 있으면 임신율이 낮다는 걸 미리 예측할 수 있어서 대비할 수 있거든요.

자궁선근종이 심하면 임신이 잘 안되지만 유산율도 높다고 하던데요.

최근에 가슴 아팠던 경험이 있어요. 자궁선근종이 아주 심한 분이었는데 IVF 네 번째에 임신했어요. 제가 임신 16주까지 봐주고 박수 치면서 헤어졌죠. 그런데 7개월째에 자궁이 파열된 겁니다. 원래 자궁 근육은 근육끼리 연결되어 있어야 하는데 선근종 조직이 자궁 근육 조직 사이마다 끼어 있어서 근육 간 연결이 엉성해진 거죠. 강력하게 자궁수축이 오면서 선근종 부위가 터진 거예요. 이런 때 '자궁선근종이 심한 분에게 임신을 시키는 것이 의학적으로 승리인가'를 놓고 고민하게 되어요. 산모에게 위태로운 상황이 올 수 있거든요. 결국 애를 포기하고 자궁 파열 부위를 봉합한 후 저에게 다시 와서는 '6개월 뒤에 다시 시도하겠다'라고 하더군요. 다음에 임신했을 때에는 진통이 오기 전에 미리 수술로 태아를 살려봐야죠.

산모가 스스로 진통 조절을 할 수 없잖아요.

진통이 오지 않고 임신 상태를 최소한 7~8개월까지만 끌고 갈 수 있다면, 그 이후에는 진통이 오기 전 배 속 아기를 수술로 살려낼 수 있죠.

고령 여성들도 임신하기 위해 많이 방문하지요.

45세부터는 무리하지 않았으면 하는 게 제 솔직한 생각입니다. 미국에서는 '45세부터는 IVF를 하지 말자'는 난임 전문의들 간의 내부적 규정이 있습니다. 진화생물학적으로 봤을 때 고래와 사람만 폐경이 있어요. 소나 말은 폐경이 되기 전에 죽는 거죠. 인간만 폐경 이후까지 사는 겁니다. 고령 임신이 늘어나는 게 우리나라에서 모성 사망률이 자꾸 높아지는 이유 중 하나입니다.

'모성 사망비'는 태어난 아이 10만 명당 사망한 산모의 비율을 말한다. 1990년대 이후 전 세계적으로 45%가량 낮아졌지만 한국은 여전히 높은 편이다. 2020년 한국의 모성 사망률은 인구 10만 명당 11.8명으로 OECD 국가 평균(10만 명당 10.9명)에 비해 높은 편이다.

조기폐경 늦출 수 있다

이 원장은 조기폐경(조기 난소 부전) 여성이 늘고 있다며 건강검진을 할 때 난소기능 검사까지 할 것을 권했다. 난소가 회춘할 수 없는 기관이긴 해도 조금이라도 폐경 시기를 늦출 수 있다면 노력해야 한다는 것. '조기폐경'은 40세 이전에 폐경이 되는 것으로, 난소의 기능인 배란 및 여성호르몬(에스트로겐) 분비가 멈추는 것이다. 생식기관 중 하나인 난소는 평생 쓸 난자를 담고 있는 주요 장기로 뇌하수체에서 분비하는 호르몬(FSH, LH 등)에 반응하며 난자를 키우고, 배란시키는 등 생명을 잉태하기 위한 기본적인 일을 하고 있다.

"난소가 염색체 이상, 유전 요인에 의해 어쩔 수 없이 조기폐경이 되는 거야 막을 길이 없지만, 최근에는 후천적 요인으로 인해 난소의 노화가 빨라지고 있어 안타까워요. 암 발병에 의한 항암 치료(방사선 치료)는 물론 자가면역질환, 독성물질 노출, 전자파, 흡연, 미세먼지 등에 의해 난소기능 저하가 가속화하고 있는 거죠."

난소의 나이를 알 수 있는 검사 방법이 있나요.

기본적으로는 항뮬러관호르몬*AMH* 검사를 합니다. AMH는 혈액검사로 알 수 있어요. AMH는 난소에 있는 원시난포(미성숙난포)에서 분비되는 물질이에요. 난소에서 배란이 될 때 예비 난자 개수가 많을수록 혈중 AMH 수치가 높게 나오죠. 쉽게 말해서 난소가 젊고 난자가 많으면 AMH 수치가 높게, 난소가 노화되어 난자가 적으면 낮게 나옵니다.

나이에 비해 예비 난자 개수가 적으면 조기폐경을 의심해야 하나요.

그렇죠. 20~30대인데 난소에 남은 난자가 평균 이하라면 난소가 노화되고 있다고 의심해야 합니다. 평균적으로 AMH 수치가 30대 초반이면 4~3점대, 30대 후반은 2점대, 40대 초중반이면 1점대, 40대 중후반이면 0점대입니다. 0.1 이하라면 폐경에 근접했다고 볼 수 있죠. 최근 마흔도 안 되었는데 폐경 수치가 나오는 여성을 자주 만납니다. 이러한 여성에게는 자연임신과 인공수정보다는 체외에서 수정이 해결되는 IVF를 선택해서라도 노력(임신)하자고 권하죠.

난자 개수가 곧 난소 나이인가요.

꼭 그렇지는 않아요. AMH 검사는 난소에 남아 있는 난자 개수일 뿐이에요. 더구나 난소기능 검사를 하기 위해 혈액을 뽑아서 검사기관에 보내 보면 검사기관마다 결과 수치가 조금씩 차이가 날 때가 있어요. 국내에서 검사를 많이 하는 세 기관에 똑같은 혈액을 모두 보냈는데, 결과 수치가 차이가 있었어요. 그래서 난임 전문의라면 AMH 검사 결과만 보고 난소 나이를 예단해서는 안 됩니다. 반드시 초음파 검사를 함께 해서 난소의 용적과 폐경 시기를 정확히 가늠할 수 있어야 합니다. 장기마다 수명이 달라요. 난소의 사망은 폐경입니다. 요즘 여성들은 폐경이 앞당겨지고 결혼은 늦어져 임신 기회가 적어지고 있어요. 염색체 이상 등 선천적 문제로 인한 조기폐경은 어쩔 수 없지만 후천적 요인으로 난소의 노화가 빨라지는 것에는 대비해야 합니다.

자연배란(혹은 과배란)이 되는 난자의 질이 20대, 30대, 40대가 확연하게

다른가요.

초경 이후 10년 만에 나오는 난자와 20년, 30년 자다가 깨어나는 난자가 같을 수는 없죠. 유전 요인과 환경 요인 모두 중요한데. AMH 수치가 낮더라도 젊은 여성일수록 난자의 질은 좋아요. AMH 수치가 낮아도 젊은 여성의 임신 성공률은 같은 연령대의 여성과 같다고 보면 됩니다. 반면 나이도 많고, AMH 수치도 낮은 경우 난자의 양과 질 모두 문제가 되고, 좋은 수정란의 수도 적어집니다. 40대 이후는 질 좋은 난자의 수가 현저히 줄어들어 임신율 저하로 이어집니다. 그래도 반복해서 시도할 경우 40~45세 여성의 IVF 임신율이 15~20%에 이릅니다. 너무 비관할 일은 아니에요. 난자 상태는 개인차가 커요.

난소 망치는 유해환경

어떠한 유해환경이 난소를 망치나요.

담배를 피우면 난자 개수가 확 떨어집니다. 간접흡연도 흡연과 같은 영향을 미칩니다. 여성은 폐질환보다도 난자를 지키기 위해서라도 금연을 해야 합니다. 난소는 크기와 모양이 고환과 아주 흡사해요. 크기는 2~3cm로 작은 달걀처럼 동글고 하얗고 탱글탱글합니다. 흡연은 난소를 연탄가스 중독 상태로 만든다고 보면 됩니다. 난소가 급속도로 노화되면 난자까지 자연 소멸에 가속도가 붙는 거죠.

옛날엔 흡연을 해도 자녀를 4~5명씩 둔 분이 많았는데요.

그때는 20대 초중반에 결혼하던 시절이었잖아요. 30세 전에는 10대와 다를 바 없이 임신이 잘 됩니다. 혈액순환이 최상이고 골반 염증도 없고 나팔관도 잘 뚫려 있으니까요. 생식기 내 질환이 드물 때죠. 오죽하면 손만 잡아도 임신이 된다고 했겠어요. 타이밍(배란일)만 맞으면 임신이 되던 시절이죠. 그런데 30대 중반부터는 하나둘씩 임신 방해 요인이 생깁니다. 38세부터는 관리를 잘한 여성과 그러지 못한 여성의 생식 능력이 극명하게 갈라집니다.

미세먼지가 난소기능을 떨어뜨린다고 들었어요.

미세먼지가 생식기와 신경계 이상을 불러온다는 보고가 있고, 조기 폐경을 부추긴다는 연구 결과도 있어요. 최근엔 초경까지 빨라지게 했다는 조사 결과가 나왔어요. 평균 미세먼지 농도가 $1 \mu g/m^3$ 증가할 때마다 초경 연령이 0.046세씩 빨라지고, 조기 초경 위험이 1.08배 높아진다고 합니다.

전자파의 영향은 어떤가요.

반도체 쪽에 근무하는 여성 중에는 난소기능 저하인 경우가 많아요. 다른 나라에서도 관련 업계 종사자들이 전자파로 인해 생리불순, 조기 폐경, 유산 등의 결과로 이어지는 사례가 나왔고요. 난소 노화가 급격히 진행되게 한다는 연구 결과도 나온 바 있습니다. 난소는 심장이나 소화기처럼 금방 체크가 안 되어서 모르고 살아서 그렇지, 난소기능 저하가 난임의 원인 중 가장 큰 문제로 부각될 가능성이 높아지고 있습니다.

요즘은 다들 손에서 스마트폰을 놓지 않고 사는데요.

그 정도는 별문제가 되지 않을 듯합니다. 재미있는 가설이 있어요. 유해 물질(중금속, 방사선, 전자파, 저산소 등)이라도 소량이면 오히려 생물체에 좋은 효과를 줄 수 있다는 것이죠. 미주리대학교에 토머스 럭키 박사가 1970년 아폴로 계획으로 실시된 우주비행사의 장기 우주방사선 피폭 영향을 연구한 적이 있어요. 소량의 방사선은 면역 향상을 가져와서 노화를 억제하고 활성산소를 제거하고 젊은 신체를 보존하는 효과가 있다고 합니다. 실제로 우주 갔다 온 사람들이 덜 늙고 장수했다고 해요.

스트레스가 난임의 원인이 된다는데요.

꼭 그렇지는 않아요. 적당한 스트레스는 세포를 더 활기차게 만듭니다. IVF에서 냉동 배아 이식 임신율이 신선 배아 이식 성공률에 못지않아요. 더 높을 때도 있어요. 배아가 냉동되었다가 해동하는 과정에서 스트레스를 유발하는 환경에 노출되는데 배아는 두 가지 변화를 보입니다. 하나는 산소 소비를 줄이는 것이고, 또 하나는 미토콘드리아 기능을 항진하는 것이었습니다. 즉 배아를 얼렸다가 녹이는 과정에서 배아가 착상에 훨씬 더 유리한 환경적 적응 능력이 생긴다는 것이죠. 그래서 동결 보존이 되었다가 해동했을 때 별문제 없이 세포분열이 재개되는 배아라면 정말 건강한 배아일 가능성이 높아요. 배아도 그렇듯이 사람도 살아가면서 적당한 스트레스가 좋은 자극을 줄 수 있다고 봅니다. 물론 과도한 스트레스나 불안장애는 줄이려는 노력이 필요하죠.

난소 건강을 지킬 수 있는 방법이 있나요.

술을 줄이고, 금연하고, 나쁜 음식 안 먹는 건 기본이고요. 피임약도 오래 복용하면 난자 수를 줄입니다. 운동을 강하고 극렬하게 하면 안 됩니다. 운동선수와 마라톤 선수가 폐경이 빠른 편이에요. 난소낭종(자궁내막종) 진단을 받은 경우 수술보다는 다른 치료 방법(비수술, 알코올 경화술 등)이 없는지 우선적으로 알아보아야 합니다. 수술을 통해 난소를 거의 제거한 경우 회복 가능성이 낮기 때문이죠.

건강한 난자를 위한 영양제

건강한 난자를 위해 영양제를 추천한다면요.

고령 가임여성이라면 '니코틴아마이드 아데닌 다이뉴클레오타이드 증진제$NAD+$'를 추천합니다. 노화방지(안티에이징)제로도 사용이 되는데, NAD는 신체의 모든 세포 대사에 관여하는 물질(세포 에너지 전달의 보조인자)로, 나이가 50세를 넘으면 NAD 수치가 절반으로 떨어집니다. 우리 몸에서 NAD가 많이 만들어지면 텔로미어의 길이가 더 길어지면서 DNA가 복구되고, 세포마다 미토콘드리아(세포분열 에너지 발전소)가 활성화됩니다. 실제로 난소기능 저하 여성에게 NAD 증진제를 처방했더니 IVF 시 난자 수가 늘고 수정란의 등급도 향상되는 등 임신율이 상승했어요. 고령 난임 여성들에게 해외 직구로 구입해 복용하라고 권하는 편입니다.

난임 전문의로서 보람을 느낄 때는 언제인가요.

제가 임신을 성공시킨 분이 애 낳고 아기 사진을 보내오면 우울하다가도 힘을 얻게 돼요. IVF의 임신 성공률이 30~40%이다 보니 임신이 안 되는 분이 많은 건 당연하거든요. 병원에서는 임신 여부를 생리 전에 알 수 있어요. 시술 2주 후쯤에 혈액검사를 해보면 알 수 있어요. 세 명의 혈액을 검사한 결과 두 명이 임신이 되었다? 그날은 밥 안 먹어도 배가 불러요. 발걸음이 한결 가볍죠. 간혹 주말 밤에 잠자려고 누워 있다가 문득 '월요일에 피검사하는 그분, 이번엔 임신이 되었을까' 하는 걱정이 밀려올 때가 있어요. 그 순간, 그 환자를 위해 기도해요. '임신'이라는 숙제는 난임 전문의를 그만둘 때까지 감수해야 하는 짐이라고 봐야지요.

난소 건강을 위한 7계명

1. AMH 검사를 통해 본인의 '난소 나이'를 알아둔다.

2. 금연은 물론 간접흡연도 멀리한다.

3. 식품첨가물이 함유된 가공식품 및 고지방 섭취를 줄인다.

4. 규칙적이고 충분한 수면 시간을 확보한다.

5. 난소 내 질환으로 수술을 추천받으면 차선책은 없는지 알아본다.

6. 난소기능 저하면 비타민D, DHEA, NAD+ 등 영양소를 섭취한다.

7. 아침 혹은 저녁에 10분이라도 명상한다.

03

난임 치료,
그 디테일의 미학

백은찬 원장

최범채 원장

정현정 원장

문경용 원장

조정현 원장

원장 수정민

유산 원인 찾으면
40대에도 아이 낳을 수 있어요

백은찬 원장
분당제일여성병원

1961년생. 연세대 의대 졸업. 성균관대 의대 산부인과 교수.
IVF 2만 건 돌파. 현 분당제일여성병원 원장

#착상이 잘 되려면 #질 좋은 난자 만들기
#PGT 시험관아기 시술 #건강한 난자만 찾으면

시험관아기 시술*IVF*을 받는 난임 부부가 해마다 늘고 있다. 건강보험심사평가원 자료에 따르면 2019~2020년 2년 동안 전국에서 난임으로 시술받은 인구가 25만4068명에 달했다. IVF 건수는 늘었지만 성과는 기대 이하다. IVF 평균 임신율은 30~35%였지만 분만(출산) 건수는 15~20%에 그쳤다. 특히 고령 여성(40~49세)은 1인당 평균 8.8회 IVF를 시도했지만 출산율은 10% 미만인 것으로 나타났다.

이는 유산율이 높기 때문이다. 통계적으로 산모의 20%에서 유산이 발생하며, 자연유산의 80% 이상이 임신 12주 이내에 일어났다. 초기(임신 12주 이전) 유산의 가장 흔한 이유는 배아 염색체 이상이다. 특히 38세 이상 여성의 경우 염색체 이상을 동반한 난자로 인해 배아의 핵(염색체, DNA)에 문제가 생겼을 가능성이 높다. 그 밖에도 내분비 이상, 면역학적 이상, 스트레스, 임신부의 나이, 부모 중 누군가의 염색체 이상, 엽산 대사 결함 등의 이유로 유산이 된다.

IVF를 해도 임신에 실패하는 이유가 뭘까. 유산의 예방책은 없을까. 백은찬 분당제일여성병원 원장은 "착상 환경을 개선하지 않은 채 IVF만 계속 시도해선 안 된다. 임신이 안 되거나 유산이 되는 원인을 찾아내는 게 진정한 난임 치료"라고 강조한다.

착상이 잘 되려면

IVF의 성공률이 생각보다 높지 않은 것으로 나타났어요. 체외에서 수정된 배아를 자궁 내에 이식했는데 착상에 실패하는 이유는 뭔가요.

착상이 잘 되려면 환경이 좋아야 합니다. 첫째, 자궁내막에 병변(폴립, 근종, 유착, 염증 등)이 있으면 안 돼요. 호르몬 환경도 중요합니다. 예를 들어서 혈중 에스트라디올$E2$ 농도에 따라 착상률이 달라져요. 난자가 너무 많이 자라서 E2 수치가 높으면(3000pg/ml 이상) 자궁내막이 정상 호르몬 상태가 아니기 때문에 착상이 힘들 수 있어요. 면역학적 요인도 무시할 수 없어요. 자궁내막에는 면역세포(NK세포 등)와 각종 호르몬$Cytokine$이 존재하는데 이런 면역체계가 착상과 임신 유지에 영향을 줄 수 있거든요. 혈액 내에 자가항체가 존재한다면 착상을 방해하거나 유산을 일으킬 수 있습니다.

위 세 가지 외에 착상 방해 요인이 또 있나요.

자궁내막이 수정란을 받을 준비가 되어 있는 시기(착상 가능 시기)가 있는데, 배아 이식 시기가 이 기간과 잘 안 맞을 때가 있어요. 교과서상으로 자궁내막의 착상 가능 시기는 배란 후 5~7일경이지만, 사람마다 하루 이틀 차이가 있기 때문이죠.

자궁수축이 있어도 착상이 안 된다던데요.

착상될 무렵에 자궁이 수축되면 안 돼요. 예를 들어서 자궁내막증이 있으면 예민해져서 자궁이 수축될 수 있어요. 자궁이 수축되면 배아를 이식해도 착상 자리에서 미끄러져 버리거든요. 자궁수축이 있으면 이완제를 써야 합니다. 만약 배아 이식 무렵에 배가 아프다면 자궁수축을 의심해야 합니다.

착상이 잘 되려면 배아 질도 좋아야죠.

맞아요. 배아의 질은 두 가지로 나눌 수 있습니다. 염색체가 정상인지, 현미경으로 관찰했을 때 모양이 예뻐서 등급이 좋은지로 구분할 수 있습니다. 분명한 건 배아의 등급이 좋다고 해서 염색체가 정상인 건 아니에요. 배아 등급은 일종의 외모일 뿐이죠. IVF에서는 체외수정을 한 후 3~5일간 배양 인큐베이터에서 관찰합니다. 좋은 등급은 세포분열 속도가 정상이어야 하고, 모양이 균일해야 합니다. 예를 들어서 배아 모양이 찌그러지면 안 되고, 배아의 세포분열 속도가 너무 늦거나 너무 빨라도 안 됩니다.

배아 모양이 안 좋고 등급이 낮으면 착상이 힘든가요.

꼭 그렇지는 않아요. 낮은 등급 판정을 내린 배아라도 염색체가 정상이면 임신이 됩니다. 염색체가 정상인 배아의 40~50%는 착상이 되어서 출산까지 갑니다.

질 좋은 난자 만들기

배아를 잘 얻기 위해서는 1차적으로 난자가 중요한데, 어떤 노력을 해야 하나요.

나이도 중요하지만 식생활, 라이프스타일, 운동 습관 등이 더 중요해요. 또 IVF를 한다면 배란 유도 방법도 매우 중요하죠. 난소에서 난자를 키우는 호르몬이 난포자극호르몬FSH인데 과배란 주사 주성분이 바로 FSH입니다. IVF에서 과배란 주사를 너무 많이 투여하는 것보다는 개인에 맞게 적절한 용량을 투여하는 것이 좋아요. 나이와 난소 상태 등의 평균치가 있지만 교과서와 다르게 반응이 나올 때가 많아요. 제 임상 경험에 따르면 난자를 적절한 수로 키워내야 질 좋은 난자로 임신 율을 높일 수 있더라고요.

배아 결함은 난자와 정자 어느 쪽에 원인이 있나요.

주로 난자인 것 같아요. 하지만 정자의 핵(염색체, DNA)에 문제가 있으 면 난자가 아무리 건강해도 배아에 문제가 생깁니다. 정자를 크게 걱정 하지 않는 이유는 수가 많아 웬만하면 모양과 활동성 등이 건강한 정자 를 골라낼 수 있기 때문이죠. 다만 비뇨기과 의사들은 기형 정자가 많 으면 영양제(항산화제)를 먹고 좀 지난 뒤에 IVF를 하라고 권합니다.

결국 난자 탓이라는 얘기인데요.

고령 여성의 난자는 아무래도 미토콘드리아와 효소 등에서 문제가 있을 수 있어요. 미토콘드리아는 세포분열 발전소로 일종의 연료 탱크 인데 노화 난자는 에너지가 떨어져서 세포분열 대사가 잘 안되는 경우 가 많아요. 수정 후부터는 100% 난자 몫입니다. 난자가 부실하면 힘들 어요. 난자가 성숙하는 과정에서 염색체 수와 구조에 이상이 생길 확률 이 높아요.

나이가 많으면 질 좋은 난자를 얻기 힘든가요.

2015년 미국 로스앤젤레스 캘리포니아 의대에서 43세 여성의 임신 성공률이 37세보다 10배나 떨어진다는 연구 결과를 내놓은 바 있습니다. 43세 여성은 하나의 정상적인 배아를 만들어내는 데 평균 44개의 난자가 필요하다면, 37세 여성의 경우는 4.4개면 가능하다는 것이죠. 유산율이 40세 이상은 30%, 45세가 넘으면 40~50%에 달하는 이유입니다. 늦게 결혼하는 추세다 보니 어쩔 수 없는 일이지만, 제 임상 경험상 IVF를 해보면 난소기능 저하(AMH 0~1)라고 해도 38세 이하라면 큰 걱정 안 해도 되더라고요.

40대의 유산율이 높은 이유가 뭔가요.

유산 이유의 절반은 염색체 이상이에요. 과배란 주사로 난자를 여러 개 키워도 다 좋을 순 없어요. 자궁 내 이식 후 착상이 되었는데 유산했다면 근본적으로 건강하지 못한 배아(염색체 이상이 있는)일 가능성이 커요. 우리 몸은 심각한 기형이거나 염색체 이상일 때 자연적으로 유산시키는 방어벽*Natural Selection*이 있거든요.

건강한 배아 착상 위한 노력

배아가 염색체 이상이 아닌데도 유산되는 경우는 뭔가요.

자궁 환경의 문제, 즉 자궁 기형(중격자궁, 쌍각자궁)이거나 감염(균)에 의한 것일 수 있지만 80% 이상이 면역학적 요인에 의한 유산입니다. 유산되었다면 자가항체 검사도 하고 NK세포 수치 등도 따져봐야 합니다. NK세포와 유산의 연관성에 대해 의사마다 의견 차이가 있지만, 경험상 NK세포가 반복 착상 실패와 유산에 연관성이 있었어요. 일반적으로 NK세포가 12% 이상이면 면역치료를 받아야 합니다. 자가항체가 많아도 면역글로불린 처방을 권합니다.

건강한 배아를 착상시키기 위해서는 어떤 노력을 해야 하나요.

3회 이상 유산을 겪었다면 이식 전 배아 검사를 권합니다. PGT-A(구 PGS) 시험관아기 시술은 이식 전에 배아 염색체(수와 구조)를 검사해 정상 배아만을 이식할 수 있습니다.

이식 전에 배아 세포를 떼서 연구소로 보내는 건가요.

맞아요. 수정된 지 3일째 배아 혹은 5일째 배아에서 일부 세포를 떼어 연구소로 보내면 24시간 후에 결과가 나옵니다. 일반적으로 3일째 배아에서 검사했다면 결과를 기다렸다가 바로 신선 배아 이식을 할 수 있어요. 5일째 배아에서 검사한다면, 배아를 냉동해 놓고 결과를 참고해 냉동 배아 이식을 하고요.

수정된 지 3일, 5일째 된 배아에서 세포를 떼어내면 배아에 손상이 없나요.

거의 없어요. 수정된 지 3일째 배아의 여덟 개 세포 중에 태아가 되는 세포는 두 개예요. 여기서 한 개를 떼니까 세포 손상이 거의 없죠. 5일째 배아에서는 100개 중에 열 개 정도 떼어냅니다.

PGT 시험관아기 시술이란 게 뭔가요.

착상 전 유전 진단법으로 예전에는 PGD, PGS라는 용어를 썼지만 최근에는 PGT 시험관아기 시술로 통일하고 세분화했습니다. 유전질환 대물림을 막기 위해서는 PGT-M(구 PGD)을 하고, 부부 중 한쪽이 염색체 이상(전좌, 역위 등)이 있으면 PGT-SR을 합니다. 부부가 염색체 이상은 없지만 반복 유산일 경우에는 PGT-A(구 PGS)를 하면 됩니다.

부부 중 한쪽이 염색체 이상(전좌, 역위 등)**이면 유산이 잘 되나요.**

3회 이상 유산을 한 경우를 대상으로 검사하면 부부 중 한쪽이 염색체 이상인 경우가 6% 정도입니다. 최근에 개발된 PGT-SR 시험관 시술로 충분히 정상 염색체를 가진 아기를 낳을 수 있게 되었습니다.

부부가 정상인데 유산이 3회 이상 되었다고 PGT-A 시험관아기 시술을 권하는 것은 과잉 아닌가요.

PGT-A를 권하는 기준이 있어요. 40세 이상이면서 착상 실패를 수차례 겪거나 3회 이상 반복 유산일 때 권합니다. 또 유산으로 소파수술을 하면서 태아 세포를 검사했는데 두 번 정도 기형이 나오면 권합니다. 38세 이하는 PGT-A까지 할 필요는 없어요. 물론 유산이 계속 반복된다면 심리적 안정감을 위해 해보라고 하죠. PGT-A는 임신을 도와주는 난임 치료의 일환이어야지 너도나도 하게 해선 안 됩니다.

40대 고령이거나 난소기능 저하가 심한 여성은 PGT-A를 해봐야 불합격 배아가 많아서 이식할 만한 배아가 없지 않을까요. 모자이시즘(Mosaicism·한 개체에 둘 이상의 유전자형이 섞이는 현상)**일 경우 무조건 '이식 불가'**

판정을 내린다고 하던데요.

최근엔 달라졌어요. 포배기 배아일 경우 100개 중에서 열 개를 떼서 보낸다고 했잖아요. 각각 보낸 세포에서 80%가 정상이면 정상 배아로 판독합니다. 검사를 시행한 전체 세포 중에서 비정상 세포가 20~40%일 때는 모자이시즘을 동반한 정상으로 판단하지만 이식할지 안 할지는 주치의와 상의해서 당사자가 선택해야 합니다. 사실 모자이시즘을 동반한 배아를 이식했을 때 결과가 나쁘지 않았어요. 모자이시즘이라도 세포분열을 하면서 비정상 세포는 죽고 정상 세포만 분열되거든요.

건강한 난자만 찾으면

해외 토픽에서 70대 여성이 난자 공여로 IVF 출산에 성공한 것을 보았는데, 가능한 일인가요.

성경에 사라(아브라함의 아내)가 70세에 임신했다고 나오긴 해도 70대 출산은 좀 그렇고, 60대까지는 가능하다고 봅니다. 제 환자 중에 58세 산모가 있었어요. 난자 공여를 받아서 쌍둥이를 분만했습니다.

폐경 이후 자궁인데 생명 잉태가 가능한가요.

자궁은 초경 이후 나이에 관계없이 호르몬에 반응합니다. 단, 자궁 내 질환이 없어야 하죠. 산부인과에서는 40세 이상부터 출산 위험군으로 분류합니다. 그 이전 나이에 비해 조산, 산후 출혈, 임신중독증 등 합병증에 걸릴 확률이 높기 때문이죠. 임신이 가장 잘 되는 시기가 20

대 후반에서 35세까지입니다. 되도록 이때 임신을 시도하는 게 좋죠.

경험상 생식학적 환갑을 몇 살로 보나요.

44세 즈음으로 봅니다. 하지만 IVF 덕분에 40대 중·후반에도 질 좋은 난자를 채취해서 임신하는 분이 늘고 있어요. 40대 임신율을 25%로 보는 건 정상 난자를 만날 확률이 그만큼 낮아서죠. 건강한 난자가 한 개라도 배란되거나 채취된다면 얼마든지 도전해볼 만합니다. 난자를 한 개씩 채취해서 수정 후 냉동해 뒀다가 배아를 모아 이식하는 것도 한 방법이고요.

◆
◆
◆

PGD 시험관아기 시술과 PGS 시험관아기 시술 용어가 PGT로 통일되었습니다. PGT 안에서 더 세분화되어 PGT-A, PGT-SR, PGT-M으로 나뉘겼어요.

- **PGT-M(Preimplantation Genetic Test for Monogenic defect/구 PGD):**
  부부 중 한쪽에 유전병이 있을 경우

- **PGT-SR(Preimplantation Genetic Test for Structual Rearrangement):**
  부부 중 어느 한쪽이 염색체 이상일 경우

- **PGT-A(Preimplantation Genetic Test for Aneuploidy/구 PGS):**
  부부 모두 정상이지만 유산을 여러 차례 했을 경우, 이식 전 배아 염색체 검사 목적으로 시행

NK세포가 유산 원인?
그 불편한 진실

최범채 원장
시엘병원

1960년생. 조선대 의대 졸업. 하버드의대 브리험 여성병원 박사후과정 수료.
삼성제일병원 산부인과 교수. 미국 생식의학회 최우수 논문상(1997, 1999년) 등
국내외 학술상 5회 수상. 한일난임학회 의장(2015, 2017년). 국무총리표창.
몽골 북극성 훈장 수상. 현 시엘병원 병원장

#NK세포와 유산의 상관관계 #반복 유산 막을 방법
#난임은 근본적으로 마음을 다스려야
#과잉 면역 처방이 면역체계 무너뜨려

"국내 난임 분야에서 NK세포*Natural Killer Cell* 활성도 검사에 따른 처방이 유행처럼 번지고 있는데, 이는 과잉입니다. 심지어 NK세포를 '태아 살해 세포'라고 부르기도 하는데, 어처구니없는 표현이에요. 몇 년 전 유럽 난임학회*ESHRE*와 미국 생식의학회*ASRM*에서 가이드라인을 발표했는데 혈액 내 NK세포 수치와 활성도 검사는 면역학적으로 초래되는 유산의 진단과 치료법으로 추천할 만한 근거가 없다는 것이었습니다. 그런데도 유독 우리나라에서만 이 검사법이 이뤄지고 있어요. 생식면역학을 전공한 의사로서 이해가 안 되는 일이죠."

습관성 유산 분야에 남다른 열정을 가진 최범채 시엘병원(광주광역시) 원장은 난임 전문의들의 유산 진단과 치료 방식에 대해 적잖은 불만을 토로했다. 25년 넘게 시험관아기 시술*IVF*을 3만례 이상 시술하며 온갖 예외적 상황을 다 겪은 베테랑이지만 유독 면역 불균형에 대한 유산 진단과 치료 방식만큼은 지극히 원칙적 입장을 견지한다. 의료에서 생식면역학만큼 공부할수록 정답을 찾기 힘든 분야가 없다는 게 이유다.

"생명 잉태를 돕는 난임 의술은 실험 정신보다는 과학적 접근과 통계를 더 신뢰해야 한다"고 강조하는 최 원장에게 유산 극복 방법에 대해 들었다.

NK세포와 유산의 상관관계

유산율이 통계상 어느 정도인가요.

초혼이 늦어지고 직장여성이 늘면서 유산율이 점점 더 높아지는 것 같아요. 국민건강보험공단 통계에 따르면 2020년 직장여성의 연간 유산율이 31.3%에 달합니다. 직장여성은 40세를 넘으면 75%가 초기에 유산(생화학적 임신 포함)이 된다는 보고도 있고요. 여성 전체로 봐도 임신 초기 유산 빈도가 35세부터 서서히 증가하다가 40세 이후 급격히 증가합니다. 30세 이전엔 7~15%이던 것이 40세 이상이 되면 34~52%에 달해요. 그 이유는 여성의 연령이 높아질수록 난소의 염색체 이상 빈도가 현저히 증가해 태아 기형 빈도가 유산을 초래하는 결정적 원인이 되기 때문입니다.

유산 원인에서 NK세포 활성화 얘기가 빠지지 않는데, NK세포가 무엇인가요.

자연살해세포라고 해서, 우리 몸에서 면역을 담당하는 림프구의 일종입니다. 바이러스나 종양(암세포) 같은 비정상 세포를 파괴하는 역할을 하죠.

자연살해세포는 비정상 세포를 인지하면 퍼포린이라는 단백질로 비정상 세포의 세포막에 구멍을 뚫고 그랜자임이라는 효소를 넣어 세포질을 해체함으로써 세포의 자살을 유도하는 역할을 한다.

NK세포가 너무 활성화되면 착상된 배아를 적(敵)으로 여기고 공격한다고 하던데요.

불확실한 이야기입니다. 임신 상태에서는 태반이 태아와 모체의 면역체계를 조절하는 역할을 해 태아를 보호합니다. 물론 반복적으로 유산하는 여성의 자궁 영양막에서 NK세포가 일반 여성보다 증가해 있긴 해요. 하지만 NK세포 활성화로 인해 유산이 된 것인지, 유산의 결과물로 NK세포가 늘어난 것인지 아직 규명되지 않았어요. 무엇보다 자궁 내막에 존재하는 NK세포의 분포·모양과 말초혈액에 존재하는 NK세포의 분포·모양은 겨우 10% 정도만 일치한다고 알려져 있지요. 따라서 혈액 내 NK세포 활성화로 인해 유산이 반복되었다고 단정 지을 수는 없어요. 말초혈액의 NK세포 분포로 유산 기전을 설명하는 것은 과학적 근거가 불충분합니다.

세계적 난임학회에서도 그렇게 보는 건가요.

그렇죠. 1950년부터 2011년까지 NK세포에 관한 783개 연구 보고 중 과학적 분석을 충족한 12개 논문을 분석한 결과, 말초혈액에서 채취한 NK세포 표현_phenotype_과 세포독성_cytotoxic_ 검사는 습관성 유산 진단을 위한 의미 있는 검사법이 될 수 없다는 결론이 나왔어요. 그런데도 우리나라 일부 난임 전문의들은 NK세포 활성화 수치가 12 이상이면 유산 방지 차원에서 면역 처방을 내리고 있어요. 비과학적이고 한정된 지식으로 임상 치료에 임하는 것이 참으로 우려됩니다. NK세포 검사는 실험 차원이지 임상에서 적용하는 것이 공인되지 않았습니다.

유산이 반복되면서 NK세포 활성화 수치가 높게 나오면 유산 방지를 위해 백혈구 주입법, 인혈청 면역글로불린 처방, 인트라리피드 처방 등을 하는 경우가 많다고 하던데요.

유럽 난임학회와 미국 생식의학회에서는 NK세포 검사가 습관성 유산의 진단법으로 공인되어 있지 않습니다. 1999년 미국국립보건원*NIH*에서는 백혈구 주입법이 원인불명 습관성 유산 환자에게 효과적 치료법이 아니라고 결론을 내렸습니다. 인혈청 면역글로불린 처방도, 인트라리피드 처방도 마찬가지예요. 모든 면역치료의 효과를 판정하기 위해서는 위약 대조군과 비교에서 월등한 효능이 입증되어야 하며, 환자 대상군 선정에서도 무작위로 해야 해서 치료 진행에 관해서도 의사와 환자의 편견이 없어야 합니다. 이러한 처방은 유산 경험자가 느끼는 두려움을 잠재우고 심리적 안정을 위한 것일 뿐, 효과는 크게 기대할 수 없습니다.

NK세포 활성화 수치가 높아지는 이유는 뭔가요.

NK세포 활성화 수치는 언제든 높아질 수 있어요. 스트레스, 생리주기, 성관계, 질염 등으로도 높아진다는 연구 결과도 있고요. 뇌과학자들은 웃을 일이 없어도 억지로라도 웃으라고 합니다. 웃을 때 엔도르핀이 많이 나오고 면역력이 좋아지기 때문인데, NK세포가 활성화한다는 의미입니다. 감기나 폐렴 같은 감염성 질환에 걸려도 NK세포 수치가 높아집니다. NK세포는 우리 몸을 적(바이러스, 균 등)으로부터 지키는 임무를 수행해요. NK세포가 활성화되었다고 해서 겁낼 필요 없어요.

그렇다면 유산의 원인은 무엇인가요.

착상 초기에 유산이 되는 것은 배아의 세포분열 실패가 대표적입니다. 둘째, 임신 12주 이전에 심각한 기형이거나 염색체 이상이 있을 때 우리 몸은 유산이 되도록 설계되어 있어요. 셋째, 면역학적 문제가 있으면 유산이 될 수 있습니다. 넷째, 부부 중 염색체 이상이 있는 경우 배아 염색체 이상으로 유산 확률이 높아집니다.

반복 유산 막을 방법

첫 번째(부실 배아)**와 두 번째**(비정상적 태아) **이유에 해당하면 유산을 막지 말아야 하는 거 아닌가요.**

그렇다고 봐야지요. 진정한 난임 극복은 임신 자체가 아니라 건강한 아기 출산입니다. 난임 여성들은 임신이 너무 간절해서 유산을 불행으로 생각하지만, 유산이 되어야 할 태아였다면 다행한 불행이라고 봐야합니다. 하지만 유산이 반복되면 자궁내막이 손상될 수 있어서 최근에는 배아 이식 전에 염색체 등을 검사할 수 있는 착상 전 유전자 진단 *PGT-A*으로 정상 수정란을 선별하는 체외수정 시술을 권합니다.

면역 불균형 상태이거나 각종 면역질환 환자가 유산이 잘 되는 이유는 뭔가요.

반복 유산자 중에 종종 면역검사에서 자가면역 항체(루프스항체, 항인지질항체)가 양성인 경우가 있는데, 솔직히 이것이 초기 유산을 초래할 가능성은 적어요. 오히려 임신 중기(16~20주) 태아 사망과 깊은 관련이 있지요. 자가면역질환은 외부로부터 내 몸을 공격하는 항원(외부의 적)에 대항해야 할 면역세포가 오히려 내 몸의 세포나 장기를 공격하는 상황인데, 자가면역질환이라고 해서 모두 유산을 초래하지는 않아요. 따라서 무분별한 자가면역 검사(류머티스항체, 항핵항체 등)는 학술적 근거가 부족합니다. 다만 자가면역 항체 중 루프스항체, 항인지질항체가 양성인 경우는 태반 미세혈관 벽에 손상을 줘 혈전을 초래하고 정상적 혈액순환을 방해해 유산을 초래할 수는 있어요. 이 경우 면역치료(유아용 아스피린, 면역글로불린, 헤파린 주사)를 받으면 유산을 막는 데 효과적입니다. 한 가지 짚고 넘어가야 할 건 모든 면역치료는 효과와 부작용의 양면성을 지니고 있다는 거예요. 의사는 치료 전에 환자에게 충분한 이해와 동의 절차를 거쳐야 합니다.

반복 유산을 막을 방법은 없는 건가요.

유산이 3회 이상 반복되면 검사를 통해 원인을 추적해야 합니다. 기본 검사로 호르몬 검사(당뇨, 갑상샘 호르몬 검사), 자궁 내 세균 감염, 자궁 해부학적 검사(자궁난관조영술, 자궁내시경 검사), 자가면역 검사(루프스항체, 항인지질항체), 유전적인 혈전 검사, 부부 염색체 검사 등을 추천합니다. 원인 불명의 습관성 유산 중 40~60%는 면역학적 기전으로 접근해야 합니다. 지금까지 학자들이 끊임없이 진단법과 치료법을 제시해서 기존 이론을 뒤엎는 경우도 많았어요. 하지만 임상적으로 적용되려면 국제적인 교과서*Novac's Gynecology*에서 공인되어야 합니다. 그전에는 실험적인 접근을 함부로 적용하거나 상업적으로 도입하면 안 됩니다.

부부 중 한 사람이 염색체 이상일 경우에도 유산이 반복될 수 있지요.

유산된 태아가 염색체 이상으로 진단되는 경우는 60%이며, 그렇다고 해도 실제로 부부 중 한 사람이 염색체 이상일 경우는 100쌍 부부 중 3~5쌍 정도의 빈도입니다. 염색체 이상 케이스는 주로 염색체 구조적 이상으로, 염색체 전좌_Translocation_가 흔합니다. 부모가 염색체 전좌인 경우 정상 수정란이 착상될 수도 있고, 보인자(부모의 염색체 전위와 동일)이거나 염색체 숫자가 한 개 부족하거나(터너증후군) 한 개 더 많은(다운증후군) 수정란이 착상될 수 있기 때문에 염색체가 정상이거나 보인자 수정란을 선택해 임신을 유지할 수 있어요. 단, 보인자 수정란으로 임신에 성공한 경우에는 태어날 아기가 미래에 부모가 되었을 때 또다시 반복 유산을 경험할 위험을 안고 있습니다. 그렇지만 신체적으로나 정신적으로 극히 정상이기 때문에 임신 시도를 두려워할 필요는 없어요.

부부 중 염색체 이상(염색체 전좌)**이 발견되면 유산될 수 있으니 임신을 시도하기가 두렵겠어요.**

꼭 그렇지는 않아요. 자연임신으로도 정상아를 출산할 수 있어요. 다만 정상인 부부보다 유산이 반복될 확률이 높은 거죠. 사실 건강한 첫아이를 낳은 부부라도 둘째가 안 생겨 검사해 보면 염색체 이상 진단을 받는 경우가 꽤 있어요. 요즘은 고령 부부가 많아져서 난자와 정자가 수정하는 과정에서 유전적으로 기형이 초래될 수도 있고요. 만약 부모가 염색체 이상이라면 배아 자궁 내 이식 전에 착상 전 유전자 진단, 즉 PGT-A를 적용해서 체외수정 시술을 하면 됩니다. 하지만 시술 비용이 비싼 데다 배아세포를 떼어내는 과정에서 배아가 손상될 수 있어 임신 성공률이 일반적인 체외수정 시술보다 조금 떨어진다는 점을 감안해야 합니다.

자궁경부와 질염 등도 유산과 관계가 있나요.

큰 걱정은 안 해도 됩니다. 질에 염증이 생겨서 분비물이 많아지면 질염 치료를 받으면 됩니다. 유산을 일으키는 원인균(마이코플라스마균, 클라미디아균, 유레아플라스마균)은 다양해요. 임신 중에 염증이 생기면 병원균 자체가 태아와 태반에 독성으로 작용할 수 있습니다. 초기 유산뿐 아니라 임신 중반기 이후 태아에게 발육 장애가 생길 수도 있고, 조기 양막 파수나 조산 등으로 이어질 수도 있어요. 병원균 배양검사를 통해 적절한 항생제 치료가 필요합니다.

자궁에 해부학적으로 이상이 있어도 유산이 되나요.

우선 자궁경관무력증은 임신 18~28주에 진통이나 출혈 없이 태아나 양막이 탈출되는 경우입니다. 임신 12~16주 사이에 자궁경관 봉축술 같은 교정 수술을 하면 정상 분만을 할 수 있어요. 두 번째로 자궁에 결함이 있어도 유산이 될 수 있습니다. 쌍각자궁이거나 중격자궁 등 자궁이 기형이면 임신 중반기에 유산이 될 수 있어요. 중격자궁의 경우 반복 임신 소실이 발생하면 임신 전에 자궁경 수술로 중격절제술을 받을 것을 추천합니다. 받으면 괜찮아요.

근본적으로 마음을 다스려야

문제는 부부가 모두 염색체 이상이 없는데 자꾸 유산되는 경우 같아요. 유산 방지 치료와 예방에 속 시원한 정답이 없다고 하던데요.

의학적 처방에 최선을 다해야겠지만 근본적으로 마음을 다스려야 합니다. 난임 환자들에게 책을 읽으라고 권하고 싶어요. 인터넷에서 잘못된 정보를 접하고 스트레스를 받는 것보다 시집이나 고전을 읽는 게 한결 마음 안정에 도움이 됩니다. 면역 불균형 상태가 균형 상태가 될 수 있어요.

이 병원 로비가 도서관처럼 책이 많은 게 인상적입니다.

병원을 도서관처럼 꾸미고 나니 환자들 반응이 달라졌어요. 기다리면서 스마트폰을 안 보고 책을 읽더군요. 독서가 난임 극복에 큰 도움이 됩니다. 심적으로 불안하면 호르몬 분비에서부터 불균형이 되거든요. 책을 읽으면서 마음을 다스리면 한결 편해지고 믿음이 생겨서 매사에 합리적 판단을 할 수 있어요.

25년 넘게 난임 환자들을 진료하면서 지켜온 원칙이 있다면.

습관성 유산 환자들은 임신이 되면 기쁨보다는 두려운 마음이 앞섭니다. 우울증, 불안 증세를 나타내며 자신감을 상실하기도 하고요. 그러다 강박관념으로 공인되지 않는 진단법과 치료의 함정에 빠지기 쉽습니다. 하버드대 의대 유학 시절부터 지켜온 원칙이 있어요. 국제적으로 공인된 진단법으로 치료하자는 거죠. 의사 개인적인 신념과 욕심보다는 과학적 접근이 중요합니다. 그래서 결국에는 '최범채 원장의 진료가 옳았네'라고 인정받고 싶습니다.

최 원장은 다시 한번 "의사는 욕심이 앞서면 안 된다. 원칙적인 검사를 해서 치료해야 한다. 환자에게는 꼭 필요한 해당 처방만 해야 한다"
며 "단순히 착상에 몇 번 실패했거나 초기에 유산이 몇 번 되었다고 해
서 과잉 면역 처방을 하면 도리어 면역체계에 무리가 생긴다"고 강조했
다.

생식면역학

최 원장은 "1980~90년대에는 지방대 의대를 졸업해서는 난임 전문
의가 되기가 힘들었다"며 서울대·연세대 의대 출신들만 주류가 되었던
그 시절의 이야기를 들려줬다.

**당시 가장 유명한 병원(제일병원)에서 의사 생활을 시작하셨으니 기쁘셨
겠어요.**
별로 달갑지 않았어요. 1년간 펠로_fellow_만 하고 그만둬야겠다고 생각
했어요. 그 바닥은 의피아(의사+마피아·동문 선후배 연결 고리)가 워낙 막강해
서 일명 SKY(서울대·연세대·고려대) 출신이 아니면 스태프_staff_가 되는 게 쉽
지 않았거든요. 당시 제일병원 난임분과에 신규 티오(정원)가 한 명뿐이
었는데 내가 어떻게 되겠나 싶었죠. 그런데 티오 한 명이 더 늘더니 저
도 뽑힌 거죠.

지방대 의대 출신으로 '의피아' 사회에서 생활하기 쉽지 않았나 봐요.
의사들보다도 환자들이 더 심하더군요. 초진할 때 환자 대부분이 '어

느 대학 나오셨어요?'부터 물어요. 우물쭈물 대답을 못 하니까 다른 의사로 바꿔버리더라고요. 그때 '아! 이래서는 안 되겠다' 싶어 전세금을 빼 하버드의대 유학길에 올랐죠. 물론 난임 전문의로서 세계적인 트렌드를 알고 싶은 마음도 컸고요.

최 원장은 1978년 세계 최초로 IVF에 성공한 영국 케임브리지대 본 홀클리닉에서 공부한 데 이어 하버드의대 브리험 여성병원에서 생식면역학 박사후 과정을 수료했다. 이후에도 공부와 연구를 계속해 국내 난임 전문의로는 최다인 100여 편의 생식면역학 분야 임상과 논문을 발표했다. 국내 난임학회는 물론 미국 생식의학회, 캐나다 난임학회, 일본 난임학회에서 논문상을 수상했다. 2002년에는 대표적인 부인과 교과서인 노박Novak에 습관성 유산에 대한 내용을 기고해서 주목을 받았고, 2019년엔 미국 생식의학회ASRM에서 '습관성 유산 초래 원인에 단백질 분해효소 프로테아제의 역할'이라는 논문을 발표하기도 했다.

그에겐 이색적인 감투 하나가 더 있다. '몽골 정부 공식 보건 자문 의사'라는 직함이다. 그가 2017년에 세운 몽골 시엘병원은 약 1000쌍의 난임 부부에게 새 생명 잉태의 기쁨을 안겨줘 2019년 몽골 대통령으로부터 외국인 의사 최초로 몽골 최고 명예 훈장인 '북극성 명예 훈장'도 받았다. 북극성 훈장은 몽골 내에서 10년 이상 몽골 공공의료 발전에 혁혁한 공로가 인정되었을 때 수여하는 훈장이다. 그는 몽골 외에 우즈베키스탄, 베트남, 중국, 러시아 등의 현지 대학병원 산부인과 의사들에게 난임 시술 교육도 하고 있다.

IVF 5회 이상 실패 시 체크할 사항

◆
◆
◆

☐ 면역학적 원인(자연살해세포, 자가항체 등)

☐ 혈전 검사

☐ 호르몬 이상(갑상샘, 프로락틴, 당뇨 등)

☐ 해부학적 원인(4cm 이상의 벽내근종, 점막하근종, 자궁용종, 자궁 내 유착
   파악, 자궁선근증, 난관수종 등)

☐ 만성 자궁내막염 여부(자궁내막조직검사, 특수염색)

☐ 자궁내막 수용성 분석 검사(ERA)

☐ 남성 요인(정자 상태/PICSI, IMSI)

☐ 배양 기술력(포배기 배양, 보조부화술, 난자 활성화, 배아 활성화, 공배양)

☐ 부부 염색체 확인

☐ 생활 습관의 문제

습관성 유산과
마음의 병 다스리기

정현정 원장
서울라헬여성의원

1971년생. 서울대 의대 졸. 미국 의사자격증(ECFMG CERTIFICATE) 취득.
강서 미즈메디병원 시험관아기센터 아이드림클리닉 진료과장.
현 서울대학교병원 산부인과 자문의. 현 서울라헬여성의원 원장

#나팔관 조영술 vs 초음파 자궁난관조영술
#다양한 습관성 유산 원인 #조기폐경과 염색체 이상
#난임으로 인한 마음의 병

"자연임신이 안 될 때, 보통은 나팔관에 문제가 있는지 등을 살펴보기 위해서 투시 엑스레이로 나팔관 조영술(자궁난관조영술, HSG)을 해요. 엑스레이용 조영제를 사용해서 나팔관이 잘 개통되었는지, 자궁이 기형인지 등을 확인해 보는 거죠. 나팔관 조영술은 질 쪽으로 조영제를 넣어서 검사합니다. 그런데 아무래도 힘들어하는 환자들이 있더라고요. 그래서 디지털 시대에 맞게 다른 방법으로 해보고 싶었어요.

초음파 자궁난관조영술_HyCoSy_이라는 검사 방법이 있더라고요. 초음파로 나팔관을 보는 거죠. 유럽 고급 병원에서 하는 방식인데 탐이 났어요. 이걸 하기 위해 서울대병원 영상의학과 선배로부터 2세대 초음파용 조영제를 구했어요. 관련 동영상과 논문을 보며 방법은 충분히 익혔지만, 문제는 실습해 볼 수 없다는 거였어요. 환자에게 첫 실험을 해볼 수도 없고…. 그래서 어떻게 했는지 아세요? 제가 모르모트가 되었어요. 함께 개원한 선배가 저에게 해본 거죠. 선배가 '어, 나팔관 잘 뚫리네, 잘 보이네'라며 환호성을 지르더라고요."

'모르모트'는 의학적 검증을 위해 인체에 실험하기 전에 사용하는 실험용 동물을 말한다. 최신 촬영법인 초음파 자궁난관조영술을 익히기 위해 자신이 서슴없이 모르모트가 되었다는 정현정 서울라헬여성의원 원장에게선 난임 전문의의 열정이 물씬 묻어났다.

정 원장은 난임 시술에 앞서 정확한 검사를 선호한다. 나팔관 검사만 해도 그렇다. 나팔관은 자연임신에 매우 중요하다. 정자와 난자가 만나는 장소이기에 문제가 있으면 자연임신은 물론 인공수정에서도 임신이 불가하다. 보통은 나팔관 상태를 관찰하기 위해서 투시 엑스레이를 이용한 나팔관 조영술을 하는데, 정 원장은 필요에 따라 좀 더 간편한 초음파 자궁난관조영술도 병행한다.

나팔관 조영술과 초음파 자궁난관조영술

나팔관 조영술보다 초음파 자궁난관조영술이 더 정확한가요.

투시 엑스레이를 이용한 나팔관 조영술은 의사들 사이에서 불만이 조금 많았어요. 진단복강경과 차이가 많이 났거든요. 이 얘기는 뭐냐 하면 이걸로 검사했을 때는 나팔관이 막힌 것 같았는데 막상 진단복강경 검사를 해보면 정상인 경우가 45% 정도 되었다는 거예요. 나팔관 조영술 검사를 위해 조영제를 많이 사용하다 보니 나팔관 입구가 수축돼 실제로는 막히지 않았는데 막힌 것처럼 보이는 경우가 있거든요. 또 투시 엑스레이로는 자궁내막의 폴립이나 근종 같은 걸 정확하게 보기가 힘들어요. 초음파로 나팔관 검사를 하는 것에 비해 효율성이 좀 떨어진다고 봐요.

초음파 자궁난관조영술은 구체적으로 어떻게 하는 건가요.

자궁강 안에 생리식염수를 넣고 초음파검사를 해보는 겁니다. 나팔관도 잘 보이지만 자궁내막에 폴립이나 근종 같은 게 있는지 너무 잘 보여요. 자궁 내 문제를 발견할 확률이 아주 높아요. 초음파상 나팔관이 개통되어 있으면 진짜 개통되어 있을 확률이 95%였어요. 나팔관 내강도 정확하게 파악되고요. 초음파 자궁난관조영술이 처음 도입된 건

40여 년 전인데, 초음파 조영제의 기술적 한계 때문에 사용되지 않다가 최근 2세대 초음파 조영제가 나오면서 영국 같은 시험관아기 시술*IVF* 선진국에서 많이 사용하고 있죠. 건강보험이 적용되지 않고 조영제 값이 비싸긴 하지만 고령자의 경우 난소가 많이 노화되어 있고 난소 안에 난자가 얼마 남아 있지 않으니까 투시 엑스레이 피폭 걱정 없이 초음파로 나팔관 검사를 하는 것도 괜찮다고 봐요.

나팔관 조영술보다 초음파 자궁난관조영술이 더 낫다는 건가요.

일장일단이 있어요. 무조건 초음파 자궁난관조영술을 하는 게 아니라 권할 만한 분에게만 권해요. 초음파 조영제를 이용한 나팔관 조영술은 나팔관 상태가 안 좋으면 몇십만 원짜리 조영제를 몇 개씩 사용해야 할 수도 있고, 약을 너무 많이 넣으면 나팔관 뒤의 배경에 있는 장 음영과 혼동되어 잘 안 보일 수 있거든요. 엑스레이상으로는 다 하얗게 보여서 유착진단율이 40%밖에 안 돼요. 한편 기존 투시 엑스레이를 이용한 나팔관 조영술에 과민반응을 보이는 분도 적지 않아요. 그에 비해 초음파 자궁난관조영술은 덜 아프고 훨씬 편하게 할 수 있어요.

최신 기술이긴 하지만 과잉 검사가 될 수 있지 않나요.

전국에서 원인불명의 습관성 유산 여성이 많이 옵니다. 2011년 개원 첫날에 울산에서 8시간 동안 금식하고 오신 분도 있었어요. 아는 환자도 아니었어요. 우리 병원 개원을 기다렸다가 오직 이 검사를 하기 위해 오셨다고 하더라고요. 저희가 학회에 이 검사법의 효율성을 보고한 후 지금은 건강보험공단 등으로부터 보조생식술(인공수정, IVF) 이전에 꼭 해야 하는 난관 개통 검사 중 하나로 정식으로 인정받고 있고, 전국의 많은 난임 전문의료기관에서 보편적으로 시행하는 검사가 되었어요. 보람을 느낍니다.

울산에서 서울까지면 꽤 먼데 대단하네요.

상상이 안 될 거예요. 난임 여성 중에는 그 원인을 알기 위해 그만큼 노력하는 분이 많아요.

다양한 습관성 유산 원인

습관성 유산은 반복적으로 유산되는 경우를 말하는 것이죠.

과거에는 3회 이상 유산되면 습관성 유산이라고 했는데, 2009년 유럽 난임학회와 미국 생식내분비학회 공동으로 열린 학회에서 습관성 유산의 정의를 2회 이상 자연유산이 연속될 때로 바꿨어요. 하지만 두 번 유산되었어도 35세 이상이거나, 한 번 유산이라도 착상된 지 8주 이후에 태아 심장 소리를 확인했는데 유산된 경우라면 습관성 유산에 해당돼요. 착상되고 8주 후에 심박동이 확인되면 유산율이 3% 미만이거든요.

IVF는 배아를 자궁 내로 이식해 주는 것인데, 착상조차 안 되는 이유는 무엇일까요.

여러 가지 이유가 있겠지만 배아 측 문제도 간과할 수 없어요. 여성의 나이에 따라 적게는 30%에서 많게는 90%의 수정란이 비정상적 염색체 이상을 갖고 있거든요. 정상 염색체를 가진 배아도 75%가 착상에 이르지 못해요. 때로는 HLA-G라는 유전자의 돌연변이에 의한 경우도 있고요. 또 정자도 DNA 분절이 많아서 이런 정자와 수정이 되면 배아 질이 낮아질 수 있어서 착상이 잘 안 됩니다. 자궁에 원인이 있는 경우도 있고요. 자궁내막 폴립, 자궁근종(자궁내막 바로 아래 위치한 근종), 자궁내 유착, 자궁격막 등 자궁의 구조적 문제이거나 자궁내막의 호르몬에 대한 반응에 문제가 있거나, 배아에 유해한 염증성 사이토카인을 분비하는 면역세포들이 자궁내막에 과도하게 증식되어 있는 면역 문제 때문에 착상 실패를 거듭할 수도 있어요.

그리고 2014년에 자궁내막수용성분석검사ERA가 유럽학회에 보고되면서 새로운 반복적 착상 실패 원인 진단과 치료법이 도입되었습니다. 염색체도 정상이고 건강한 배아인데도 3회 이상 반복적으로 착상이 되지 않았던 여성에서 자궁내막 조직검사를 통해 RNA를 분석했더니 배아의 발달 단계와 이식받는 자궁내막의 수용성 단계에서 타이밍이 맞지 않아 착상이 안 되는 경우가 25%나 되더라는 연구 결과였습니다. 당시 이 연구 결과를 발표한 학회 현장에 있었는데, 가슴 뭉클한 순간이었지요. 당시 발표하던 의사가 '지금 이 순간, 여러분의 마음에 떠오르는 환자 몇 분이 계실 겁니다'라고 말하는데, 세계 각국에서 온 많은 의사가 동시에 '아!' 하고 한숨을 내쉬었지요. 국내에는 한참 후에 도입되었는데 지금 많은 환자가 혜택을 보고 있습니다. 과학이 환자들에게 접목되는 역사의 발전 순간에 함께하는 기분은 참 묘하고 감격적입니다.

정자 DNA가 분절되는 이유가 뭔가요.

흡연, 음낭의 정계정맥류, 복부비만, 스트레스 등 많죠. 습관성 유산 부부일 경우 남성에게서 정자의 직진 운동성이 현저하게 떨어지는 경우가 많아요. 염색체 이상이나 기형 정자의 수도 현저하게 많고요. 그래서 남편들에게도 생활 습관을 교정하라고 하고 체중 감량도 권해요. 항산화제 처방도 해주고 있어요. 식이요법과 항산화제 요법, 운동 등으로 정자 상태가 바뀌는 케이스가 많아요. 요즘 난임의학계에서는 정액검사를 제5의 생체 활력 징후라고 합니다. 생체 활력 징후는 혈압, 맥박, 호흡수, 체온의 4가지 중요한 징후인데 정액검사가 그만큼 난임 부부의 남성 요인으로 중요하다는 것입니다. 최근 개정된 정액검사 WHO 제6차 개정판에서는 정자 DNA 분절 검사의 중요성에 대해 비중 있게 언급하기도 했습니다. 습관성 유산과 난임을 극복하기 위해 남성들도 각별히 건강에 유의하고 협조해야 합니다.

조기폐경과 염색체 이상

난임 전문의로 일하다 보면 다양한 사연을 만나겠어요.

요즘 난자가 안 나오는 분이 너무 많아요. 나이 등의 원인으로 난소의 수명이 다한 분들인 거죠. 어느 순간, 이분들에게 희망을 주는 것도 좋은데 오로지 아기 만드는 일에만 전 재산을 쏟아붓고 모든 노력과 시간을 집중하는 건 아니지 않나 하는 생각이 들더라고요. 아기를 가질 가능성이 있는 분들에게 건강한 아기를 안겨주고 싶다는…. 그래서 '난임 극복이 아니라 부인과 환자로 자기의 건강에 더 신경 써야 할 것 같다. 인생에 애를 낳는 일만 있는 건 아니다'라고 말해 주고 싶은 경우도 있습니다. 너무 안타까운 상황이지요. 때로는 난임 전문의가 환자를 포기하느냐는 오해와 항의를 받기도 해서 괴롭습니다. 그러나 환자의 건강과 치료의 적정성 사이에서 의사는 의료 윤리적으로 늘 고민하게 됩니다.

늦은 결혼이나 재혼 등으로 임신을 원하는데 폐경이 임박한 여성이 오기도 하지요.

환자의 절반은 난소 나이를 추정하는 항뮐러관호르몬*AMH* 수치가 영점 대인 거 같아요. 질식 초음파로 난소를 봤을 때 일단 크기가 너무 작아요. 난포가 될 만한 것이 하나도 없고요. 호르몬 약을 먹지 않으면 절대 생리가 안 나오는 분들도 오세요. 그런데 배란 주사만 맞으면 난자가 나올 거라고 믿는 분이 의외로 많아요. 어느 정도 가능성이 있어야 나오는 거지 없는데 쥐어짤 순 없거든요. 생식의학이 더 발전하면 모를까 아직은 없는 난자를 만들어낼 수는 없으니 말이지요.

조기폐경이 되는 원인이 뭔가요.

조기폐경 환자들의 염색체검사를 해보면 유전적 원인으로 밝혀질 때가 많아요. 예를 들어서 터너증후군인 경우가 있어요. 모자이시즘 터너의 경우 터너증후군 염색체가 10% 미만이면 정상이라서 임신하고 출산하는 분이 많아요. 하지만 10% 이상이거나 심한 분은 생리를 하더라도 조기폐경이 오는 거죠. 난자도 염색체 이상인 난자만 나오고요. 또 어떤 경우에는 정신지체가 될 수 있는 아이가 나올 운명인 경우도 있어요. 유전적 문제가 아니라면 최선을 다해 한 번 더 노력해 보겠지만, 유전적 문제가 있다면 여기서 접으라고 말하고 싶어요. 난자 공여자를 찾아야 하는 거죠.

자신이 심각한 터너증후군인 걸 모르다가 알게 되었을 때 반응은 어떤가요.

여러 가지 반응이 있어요. 그렇게 명확한 원인이 밝혀지면 오히려 고마워하시기도 해요. 하지만 대부분은 좌절하니까 조심스럽게 이야기하는 편입니다. 그래서 저는 유전자 검사만큼은 남발되지 않아야 한다고 봐요. 유전자 쪽 문제를 알게 되면 마치 '내가 태어나지 말았어야 할 사람인가' 하고 생각하는 분도 있거든요. 부모가 알게 되면 '다 내 탓이야'라며 가슴 아파하시기 때문에 잘 전달되어야 하고요. 환자가 받아들일 준비가 되어 있는지 잘 살피면서 천천히 말해요.

어르신들은 자식을 낳는 일은 팔자소관이라고 하잖아요.

어떤 때는 종교적으로 풀어야 할 때도 있을 것 같아요. 제가 목사님에게 여쭤봤거든요. '착하고 열심히 노력하는데 계속 안 되는 걸까요, 왜 제 기도를 안 들어주시는 걸까요' 라고요. 목사님 말씀이 하나님의 계획은 따로 있는 거래요. 그런데 우리는 우리가 갖고 싶은 걸 달라고 하는 거라고.

여성들의 임신에 대한 집착이 때론 병적일 때가 있지요.

제 환자 중에 자살 소동을 일으킨 분도 봤어요. 임신이 안 되었다고 전화했더니 야외에서 전화를 받은 것 같은데 '선생님 저 오늘 죽으려고요' 하시는 거예요. 119에 바로 신고해야 하나 고민하다 환자 남편에게 연락한 적이 있어요. 어떤 분은 당뇨병에 고도비만으로 인슐린을 맞지 않으면 조절이 안 되는, 다낭성난소증후군도 심한 분이 있었어요. 저에게 온 날 굉장히 불안해 보이더라고요. 순간, 이분이 자해할 수 있겠다는 생각이 들었어요. 그래서 손을 꼭 붙잡고 창가로 가서 '여기서 건널목을 건너세요. 약국도 가지 말고 일단 저기부터 가보세요. 좋은 선생님이 계신데 도와주실 거예요'라며 정신과로 안내한 적도 있어요. 한 3개월 즈음 후에 오셨는데, 정신과 약을 먹고 정신이 맑아졌다고 하더군요. 혈당도 잘 조절되고 있었고요.

난임으로 인한 마음의 병

임신에 대한 간절함에 마음의 병이 오는 거군요.

난임 전문의료기관을 방문하는 여성의 25%가 다양한 감정 조절 장애를 겪고 있다고 봐요. 5%는 진짜로 우울증을 앓고 있고요. 너무나 쉬워 보이는 임신이 자신은 안 되니까 정말 힘든 거죠. 아무리 노력해도 잠을 잘 수 없다는 환자도 있었어요. 우울증은 노력해도 치료가 안 되는 경우가 있어요. 우리 뇌에는 뇌 신경세포와 세포 사이에 신경전달물질이 무선통신을 하고 있거든요. 이 물질들의 양이 조절되지 않으면 약물로 조절해 줘야 해요. 난임 전문의료기관에 있으면 반은 정신과 의사가 돼야 해요.

우울증이 심한데 임신하면 더 위험할 수도 있지 않나요.

우울함이 이어지면 코르티솔이 증가해요. 우리 몸의 내분비계가 교란되어요. 배란도 잘 안되고요. 착상도 안 되고 유산율도 높아지는 것으로 나와 있어요. 완벽하게 진단된, 컨트롤되지 않은 우울증은 임신해서는 안 되는 금기증이기도 해요. 왜냐면 임신하면 더 악화할 수도 있고 산후우울증으로 연결되어요. 산후우울증 아시지요? 그런 이유로 우울증이 심하면 치료되기 전까지는 임신을 시켜주면 안 돼요. 임신하면 호르몬이 많이 변하잖아요. 조절이 더 안 될 수 있어요.

난임 여성 중에는 스스로 의사를 선택했으면서 담당 의사를 의심하는 경우도 있더라고요.

의심 많으신 분들 있어요. 그러면 결과가 좋지 않아요. 예전에 저희 어머니가 이런 얘기를 하시더라고요. '환자가 너한테 좋은 기(氣)를 받아야 임신이 잘된다'고. 에너지라는 게 있어요. 기(氣)가 서양 의학적으로 생각하면 에너지인데, Atmosphere(대기)라고 할 수도 있죠. 긍정적 기운, 분위기 같은 느낌이 있잖아요. 서로 간에 무의식적으로 '우린 잘될 거야' 하는 믿음이 있는 거죠. 그러한 믿음이 우리 몸에 뭔가 나쁜 쪽으로 흘러가던 흐름을 단박에 바꿔놓을 수도 있거든요.

주치의를 신뢰하면 생식능력이 훨씬 좋아진다는 거죠.

우리가 좋은 사람 만나면 기분이 좋아지잖아요. 학창 시절에 좋아하는 선생님이 가르치는 과목을 잘하게 되잖아요. 그런 것과 비슷해요. 저는 제 환자가 어느 병원에 가더라도 임신이 잘 되었으면 해요. 난임 전문의들은 돈 벌려고 환자를 대하는 분이 거의 없다고 봐요. 정말 환자가 임신이 되었다는 결과를 들으면 가슴이 뛰고 기쁘거든요. 난임 전문의들은 매일 성적표(임신 결과)를 받는데, 환자 한분 한분이 모두 시험 문제거든요. 100점을 맞고 싶지 30점에 만족하는 의사는 없거든요. 우리에게는 임신 성공만 한 비타민이 없어요.

통계적으로 IVF의 성적표가 어느 정도인가요.

하버드대학의 권위 있는 NEJM이라는 의학논문집이 발표한 유명한 논문 결과와 후속 연구들을 보면 IVF를 했을 때 35세 미만은 6회의 누적 배아 이식 후 누적 출산율이 85%에 이르렀어요. 시술 중간에 자연 임신으로 출산하는 경우도 8%에 달하고요. 합치면 93%가 부모가 된다는 겁니다. 35~40세 미만은 50%, 40세 이상은 25%예요. 여성의 나이가 많아지면 1회당 임신율이 낮아지고 자연유산율이 상승해요.

난임 부부에게 들려주고 싶은 이야기가 있다면.

제가 환자들에게 하는 이야기가 있어요. 여기는 시험관아기 클리닉이 아니라 난임 전문의료기관이고, 그전에 저는 산부인과 전문의이자 의사이며, 그전에 같은 여성 혹은 인생 선배로서 환자들을 대한다고요. 난임의 기저에 나팔관, 정자 수, 유전, 호르몬 문제도 있지만 생활 습관이나 식습관, 기저질환에 따른 만성 염증 문제로 인해 생긴, 교정 가능한 문제도 있습니다. 그리고 닭이 먼저인지 달걀이 먼저인지 모르겠지만 난임에 겹쳐진 우울증으로 인해 임신과 임신 유지가 더 어려워지기도 합니다. 힘들겠지만 운동과 바른 식습관, 명상, 그리고 부부간의 정서적 유대를 통해 이를 극복해 가는 여정에 난임 전문의가 함께해 가길 바랍니다. 난임 전문의는 여러분을 전문적으로 돕는 역할을 하는 것이고, 결국 임신과 출산은 여러분이 해내는 겁니다.

난임 전문의로서 보람을 느낀 순간이 있다면.

지난봄에 5년 만에 저를 다시 찾은 환자가 있었어요. 제주도 사시는데, 비행기를 타고 먼 길을 마다하지 않고 오신 거죠. 그 환자는 자궁내막증, 자궁근종으로 이미 수술도 받으셨는데, 이후 자궁선근종까지 생겨 월경통과 싸우고 있던 분이었지요. 저에게 IVF로 두 남매를 낳은 언니가 소개해서 왔는데, 당시는 생소한 자궁선근종 부분절제술을 권했어요. 난소기능도 너무 저하되어 있어서 IVF로 동결 배아를 먼저 생성해 두자고 했고요. 수술로 통증에서도 해방되고 아기도 낳을 수 있다는 말에 귀가 번쩍 뜨였던 이 환자는 수술을 받고, 예쁜 따님도 낳아 기르고 계셨어요. 그런데 출산 후 한동안 문제없던 통증이 재발하자 저를 주치의로 여기고 망설임 없이 먼 제주에서 다시 찾아오신 거였어요. 이분 덕분에 그동안 쌓인 피로가 날아가고 제 25년 의사 생활이 다 보상받고 칭찬받는 것 같았어요. 이런 맛에 의사 하는 거죠. 임신에 성공하면 더는 난임 전문의를 떠올리지 않는 게 보통인데, 이분에게는 제가 가장 중요한 주치의였다는 것이니까요.

이유 없이 착상 실패를
거듭한다면

문경용 원장
아이오라여성의원

서울대 의대 졸업. 부산마리아 원장. 서울마리아병원 자궁내막클리닉센터장.
시험관아기 시술 1500례 돌파(2019년). 현 아이오라여성의원 원장

#IVF 5회 이상 실패했다면 체크할 사항
#'착상 창문 *window of implantation*' 시기
#ERA 검사의 장단점

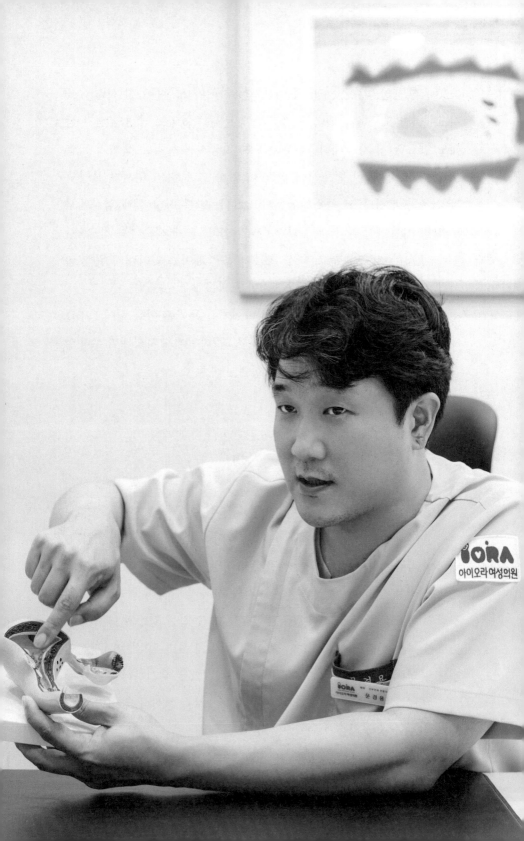

30대 후반인 박수진(가명) 씨는 2년간 8차례나 시험관아기 시술IVF을 시도했지만 모두 실패했다. 난소기능에 문제가 없었고 남편의 정자 상태도 양호했다. 자궁내막증, 자궁근종, 자궁선근종 같은 생식기 질환도 없다. 그런데 한 번도 착상된 적이 없다. 오죽하면 의사를 붙잡고 "유산조차 부럽다"고 하소연했을까. 그녀는 반복 착상 실패 검사에서도 딱히 이상이 없었다. 배아와 자궁내막을 잘 붙게 해준다는 기술(배아 글루, hyaluronic acid)도 해봤고, 착상 확률이 높은 배아를 찾아내기 위해 실시간 배아관찰경 시스템도 활용했지만 효과를 보지 못했다.

문경용 아이오라여성의원 원장은 박씨처럼 특별한 이유 없이 IVF를 해도 임신에 거듭 실패하는 '반복 착상 실패' 여성에게 자궁내막 수용성 분석ERA 검사를 고려해 보라고 조언한다.

'착상 창문 *window of implantation*' 시기

임신에 성공하기 위한 3대 조건이 있죠?

건강한 배아(수정란)와 자궁내막 그리고 이 둘 사이의 상호작용인데, 이 상호작용에서 아주 중요한 인자가 타이밍이에요. 건강한 배아가 되기 위해서는 염색체 이상이 없는 난자와 정자가 만나야 하는데, 그건 사람의 힘으로는 어찌할 수 없는 부분이에요. 건강한 정자와 난자가 나왔으면 하는 바람으로 노력하는 것이지 '이렇게 하면 된다'는 단정적인 결론은 없어요. 나이가 젊고 건강하면 확률적으로 유리하다는 정도랄까요. 반면 착상 쪽은 지난 40여 년간 보조생식술 분야에서 비밀을 풀기 위한 엄청난 연구와 노력을 해왔어요. 배란 이후에 분비되는 프로게스테론 호르몬이 착상에 도움이 된다는 것을 밝혀냈고, 그래서 IVF에서 배아 이식 이후에 프로게스테론 호르몬을 전폭적으로 보충해 주는 겁니다.

배아가 자궁내막에 잘 착상하려면 프로게스테론 호르몬 분비 외에도 여러 가지 요건이 맞아야 하지 않나요.

그렇죠. 배아가 염색체 이상을 일으키지 않고 분열해야 하고, 엄마의 면역세포가 거부반응을 일으키지 않아야 하며, 균형 있는 호르몬 환경이 되어야 해요. 하지만 가장 중요한 것은 결국 배아가 자궁내막에 무사히 파고들어 가는 '착상'에 성공해야 한다는 겁니다.

IVF에서는 배아를 타이밍(착상 시기)에 맞춰 자궁 내에 이식하지 않나요.

그렇긴 하죠. 하지만 배아 발달 속도와 자궁내막의 착상 가능 시간 간에 오차가 생길 수 있어요. 착상 가능 시기라고 추정해 배아를 이식해도 그 사람의 자궁내막이 배아를 받아들이는 타이밍이 그때가 아닐 수가 있는 거죠.

자궁내막 입장에서 배아를 받아들이는 순간이 있다는 건가요.

배아는 포배기 후반부에 착상 시도를 해요. 배아가 착상 시도를 한다고 해서 되는 게 아니라, 자궁내막 입장에서도 배아를 받아들일 준비를 하는 시점이 있어요. 이 시기를 '착상 창문 *window of implantation*'이라고 해요.

대체로 배란일로부터 5~7일째라고 알려져 있죠. 자궁내막이 포배기 배아를 착상하게끔 허용하는 최적의 상태를 '자궁내막 수용성'이라고 합니다. IVF 실패를 거듭하는 여성 중에는 자궁내막의 착상 수용성이 잘 안 맞아서인 경우가 꽤 있어요.

IVF에서 배아를 자궁 내로 이식할 때 그 시간에 맞춰서 하는 거 아닌가요.

착상 창문은 교과서상(생리주기 28일 기준/14일째 배란인 경우)으로는 생리로부터 18~22일째쯤 동안만 열려 있어요. 그때 배아 역시 착상이 가능한 상태의 배아가 자궁 내에 들어와 있어야 해요. 그런데 사람의 몸은 교과서에 나와 있는 것처럼 계산에 딱딱 맞을 수가 없어요. 사람마다 차이가 있을 수 있는 거죠. 일반적으로는 배아의 발달 속도와 자궁내막의 발달 속도가 일치해서 착상 상태 배아가 되면 자궁내막도 착상 창문이 열려 있는 시기여야 하는데, 착상 창문이 열려 있는 시기가 그때가 아니라면 배아가 괜찮아도 착상 창문이 열려 있지 않아 임신에 실패할 수 있다는 거죠.

자궁내막 수용성 시기를 어떻게 확인할 수 있죠.

자궁내막 수용성 분석Endometrial Receptivity Assay·ERA 검사라는 게 있어요. 배란 이후 자궁내막 조직을 떼서 검사하는 거예요. 스페인 ERA 연구소에서 이 검사가 시작되었는데, 54개국 2만4500명의 여성을 대상으로 검사한 결과, 약 35%가 빨리 열렸다 닫히거나 늦게 열리더라는 겁니다. 그중 약 87%가 착상 시점이 반나절에서 하루 정도 뒤로 밀려 있고,

약 13%는 앞으로 당겨져 있었다는 거예요. 착상 창문이 사람마다 다르게 빨리 열리기도 하고, 빨리 닫혀버리기도 한다는 거죠.

교과서적으로 계산해서 배아 이식을 했는데, 당사자의 자궁내막이 배아를 받아들이는 시간이 아니었다면 많은 노력을 들여 IVF를 한 것이 실패로 돌아가는 거네요.

그렇죠. 그래서 저는 별다른 이유 없이 계속 착상 실패를 거듭(반복 착상 실패)한다면 자궁내막이 배아를 받아들일 최적의 시간이었는지를 의심해 봐야 한다고 봐요. 그런 분들에게 ERA 검사를 권하고 있어요. 다음 재도전하는 IVF에서 검사 결과를 참고해서 자궁내막 수용 기간을 확인하고 배아 이식을 한다면 임신 확률을 좀 더 높일 수 있지 않을까 기대하는 거죠.

자궁내막 수용성 분석ERA 검사의 장단점

ERA 검사는 어떻게 하나요.

생리 2~3일째부터 에스트로겐 호르몬제를 복용해요. 호르몬제를 먹으면 자궁내막이 배란 때처럼 두꺼워지거든요. 충분히 두꺼워지면 황체호르몬(프로게스테론)제를 투여(주사 또는 질정)하면서 5일 뒤(배란 5일 후와 같은 환경)에 자궁내막 조직을 떼어냅니다. 이 조직에서 236개의 RNA 유전자 발현을 분석하면 황체호르몬제 투여를 시작한 지 5일째에 그 자궁내막 조직이 '착상기 내막(A/수용기)'이었는지, '착상 전기 내막(B/사전 수용성)'이었는지, '착상 후기 내막(C/사후 수용성)'이었는지를 알 수 있죠. 검사 기간은 약 2~3주 걸려요.

ERA 검사를 바탕으로 IVF를 하려면 냉동 배아 이식밖에 할 수가 없겠네요.

그렇죠. 호르몬제로 검사할 때와 똑같은 환경을 재현해서 자궁내막 수용성 시기에 배아 이식을 하는 거죠. 만약 황체호르몬제를 복용한 지 5일째가 착상 후기였다면 냉동 배아 이식을 할 때 이식을 조금 앞당기는 거죠.

자칫 과잉 검사가 될 수 있지 않을까요. 인체라는 것이 다음번이 오늘과 같지 않을 수 있잖아요.

그렇긴 하죠. 그래서 착상에 실패한다고 해서 무조건 하자고 하진 않아요. 별 이상 없이 여러 번 착상 실패를 한 여성에게 권해요. 한 번도 착상이 된 적이 없다면 ERA 검사를 해볼 만해요. 하지만 이 검사를 한다면 냉동 배아 이식으로 IVF가 진행되어야 하니까 배아의 체외 배양 일수가 포배기(난자 채취로부터 5일까지)까지 무리가 없어야 도전해 볼 수 있어요.

실제로 해보니 임신율이 높던가요.

비공식적으로 한국에서 2019년에 107케이스를 했어요. 그중에 제가 31케이스를 했고요. 희한하게 자궁내막 수용성 검사에서 수용성이 맞다고 나온 분들도 냉동 배아 이식을 할 때 ERA 검사를 바탕으로 똑같이 이식했더니 성공률이 40% 이상이었어요. 아마도 그전 시도에서는 황체호르몬 공급이 부족했을 가능성이 있고요, 과배란 주사를 맞아서 자궁내막 수용성이 달라져서 실패했을 수도 있고요, 황체호르몬제 투여 5일째가 착상 시기였지만, 배아가 그 시점에 착상 준비가 되어 있지 않아 그랬을 수도 있어요. 하지만 ERA 검사를 통해 착상 시점을 알고 난 후 그 시기에 정확히 착상 상태의 포배기 배아를 이식했더니 40% 이상 성공한 거죠.

ERA 검사의 단점이라면.

비용이 많이 들고, 포배기 배아(수정으로부터 5일째)까지 나온다는 가정 하에 할 수 있다는 거예요. 물론 3일째 배아를 이용해서도 할 수는 있지만(이때에는 추정 착상 시기보다 2일 먼저 이식), 착상 시기를 추정해서 하는 거라 효율이 조금 떨어져요. 검사를 위해 한 사이클은 IVF를 하지 못하고 지나가야 하고요. 또 자궁내막 조직을 떼어낼 때 약간의 통증이 있어요.

난임 치료는
위대한 퍼즐 맞추기

조정현 원장
사랑아이여성의원

1954년생. 연세대 의대 졸업. 영동제일병원 부원장.
미즈메디 강남 원장. 강남차병원 산부인과 교수.
대한산부인과의사회 부회장. 현 사랑아이여성의원 원장

#골수 내막 이식술과 특수착상자궁경 #난자의 미토콘드리아
#난소낭종과 알코올 경화술 #난자 냉동

조정현 사랑아이여성의원 원장은 교과서적 처방과 진료보다는 도전을 좋아한다. 생식기 내 질환 등 임신을 방해하는 근본적인 문제를 해결하지 않으면 시험관아기 시술_IVF_을 해봐야 고배의 잔을 마실 수밖에 없다는 것. 그래서 지금까지 내막 골수 이식술, 자궁내막종 및 난관수종의 알코올 시술 등 획기적인 비수술적 치료법을 선호해 왔다.

난임이 되는 대표적 원인이 무엇인가요.

늦은 결혼도 문제지만 안정적 직업과 지위를 갖거나 내 집 마련을 할 때까지 출산을 미루는 경우가 많은 것 같아요. 난자와 정자가 젊고 싱싱한 시기를 다 보내고, 수태 능력이 떨어질 즈음에 임신을 시도하는 겁니다. 알코올 섭취, 흡연, 스트레스에 시달리고 온종일 컴퓨터 앞에 앉아 있는 남성은 음낭이 뜨끈뜨끈해져서 정자가 잘 생산되지 않거나 비실비실해져요. 과체중과 영양 섭취의 불균형으로 난임이 되기도 하고요. 그렇게 되면 누구나 잠재 난임이 될 수 있어요.

자궁내막

임신(출산)에서 중요한 세 가지를 꼽는다면요.

수정 타이밍, 양질의 배아, 착상이죠. IVF에서는 수정이 체외에서 진행됩니다. 양질의 배아를 만들기 위한 의료적 노력이 계속되고 있어요. 하지만 착상에 관해선 환자가 신경 쓸 부분이 많아요. 특히 자궁내막이 그렇죠. 자궁내막 상태는 착상 시 매우 중요합니다. 호르몬 불균형이나 결핍은 호르몬제를 적절히 투입해 해결할 수 있지만, 자궁내막 상태는 환자의 숙제로 남아 있습니다.

자궁내막은 어떤 조직인가요.

자궁은 수정란을 착상시키고 키워내는 '집'입니다. 자궁내막은 자궁 내벽을 이루는 층으로 호르몬에 의해 여러 층으로 두꺼워져요. 임신이 되려면 자궁내막에 착상돼야 하는데, 결국 수정란이 자궁내막 표면에 잘 붙어야 하고 자궁내막 속으로 파고들어 혈류를 잘 받아야 합니다.

자궁내막은 배아의 착상 순간에만 중요한가요

아닙니다. 배아의 특수 세포들이 자궁내막 세포를 뚫고 들어가 엄마 의 혈관과 연결돼 영양분을 얻을 수 있어야 임신이 완성됩니다. 배아가 커져 태낭이 되고 태아가 돼 혈관이 생기면 모체의 혈관 파이프라인과 스폰지형 플랫폼을 만드는데 이것이 태반이 되고요. 그제야 내막은 아 주 얇아지고 모든 기능이 태반으로 옮겨갑니다.

임신중절수술을 반복하면 자궁내막을 다쳐 난임이 될 수 있다고 하던 데요. 왜 그런가요.

임신중절수술(소파수술)로 인해 기본층이 망가지거든요. 소파수술을 할 때 착상된 태아를 너무 강하게 긁으면 자궁내막에 생채기가 생깁니 다. 기본층을 다치면 착상하기가 어렵죠.

소파수술 외에 자궁내막 상태가 안 좋아지는 이유가 뭔가요.

운동 부족과 난소기능 저하 때문일 수 있어요. 균 감염으로도 안 좋아질 수 있고요. 여성은 대체로 30대 후반을 넘기면서 월경량이 줄어들어요. 자궁으로 가는 혈액, 자궁내막으로 가는 혈액이 줄어든다는 뜻입니다. 또 외음부 쪽에서 위로 올라가는 상행 감염도 자궁내막을 망가뜨릴 수 있고요. 질염·내막염·난관염·골반염 순으로 올라가는데 이런 염증을 일으키는 대표적인 균이 클라미디아균이거든요. 감염되면 자궁내막은 물론이고 나팔관 기능에 악영향을 미칠 수 있어요. 정자에 묻어 올라올 수도 있고, 대중목욕탕을 이용할 때나 생리 중 성관계에서도 감염될 수 있어요.

착상이 잘 되려면 자궁내막은 얼마나 두꺼워야 하나요.

자궁내막은 배란 직전에 가장 두껍습니다. 착상에 문제없는 두께를 7~8㎜로 봅니다. 10㎜ 이상이면 자궁 내 폴립(용종)이 있을 수 있고요. 문제는 배란 시 자궁내막 두께가 5mm 이하일 때입니다. 착상이 힘든 가련한_poor_ 군이라고 봅니다. 아무리 좋은 아기씨(배아)라도 밭(자궁내막)이 나쁘면 뿌리를 내리기 힘들어요.

착상이 힘든 자궁내막일 경우 어떻게 치료하나요.

이를 해결하기 위해 많은 전문가가 노력해 왔지만 드라마틱한 치료 방법이 아직 나오지 않고 있습니다. 자궁내막은 아직 불모지입니다. 예전에 골수 내막 이식술을 연구하고 임상시험을 했어요. 환자 엉덩이에서 골수세포를 추출한 뒤 자궁내막 근육 이행부에 주입해 이식하는 방법이었는데, 이렇게 성공한 15명 중 5명이 임신이 됐습니다. 골수줄기

세포 내막 주입술을 계속 연구하고 있고, 끝까지 포기하지 않고 연구해 볼 계획입니다.

혹시 특별한 치료법을 개발한 게 있나요.

그동안 임상하고 연구한 성과를 바탕으로 특수착상자궁경을 시작했어요. 자궁경은 자궁내시경을 말하는데, 특수착상자궁경은 단순히 3~5mm 두께의 내시경을 자궁 안으로 넣어서 자궁 내부를 들여다보는 검사가 아닙니다. 자궁 기형과 자궁 유착에 이르기까지 상당 부분을 해결할 수 있어요. 자궁경은 의사마다 경험과 스킬이 다를 수 있어요. 저만의 노하우가 있는 거죠.

자궁내막이 왜 그렇게 중요한 거죠?

자궁내막은 혈류와 관계가 있어요. 임신(착상과 착상 유지)이 되는 과정이 혈류와의 싸움입니다. 내막으로 얼마나 많은 피를 보낼 수 있느냐가 관건이거든요. 그래서 IVF를 할 때 자궁내막에 있는 혈액이 뭉쳐서 혈관을 막는 일이 일어나지 않도록 피를 묽게 하고, 혈액 내 세포 중 수정란을 공격할 만한 세포들을 잠재우는 약재를 선택합니다. 수정란이 자궁내막에 잘 붙게 하는 보조제를 이식액에 첨가하기도 하고요. 문제는 이러한 노력이 난임 시술 의료보험이 적용되고 나서부터는 제한받고 있다는 점입니다. 대부분 자궁내막 치료가 국민건강보험법상 임의 비급여(불법 및 환수 대상)에 해당돼요.

자궁내막이 건강하고 정자와 난자도 문제가 없는데 착상이 안 되는 이

유는 뭘까요.

임신 메커니즘이란 게 참 복잡합니다. 타이밍과 배아에 문제가 없어도 착상 무렵 호르몬 분비에 문제가 없어야 하고, 배아와 자궁내막 간 상호 물질 교환이 잘 이뤄져야 합니다. 면역세포도 거부반응이 없어야 하고요. 마치 퍼즐 맞추기와 같아요. 한 조각만 안 맞아도 실패할 수 있죠. 젊고 건강한 부부가 배란일에 맞춰 부부 생활을 해도 임신할 확률이 8%밖에 안 되거든요. 그나마 IVF가 있어 난임이 어느 정도 해결될 수 있게 된 거죠.

난자

자궁내막은 착상을 위해 중요하지만, 근본적으로 건강한 난자가 나와야 착상이 되어도 건강한 출산을 할 수 있지 않나요.

맞아요. 생명 잉태의 모든 것을 담당하는 것은 난자랍니다. 정자는 용광로에 자동차 한 대를 넣는 것에 불과해요. 건강한 유전물질을 보태주면 끝입니다. 난자는 정자로부터 50%의 핵을 받아야 자신의 핵(50%)을 보태서 완전한 핵(46XX 또는 46XY)이 됩니다. 핵*DNA*만 갖고 있어서 스스로 몸을 만들지 못하는 정자와 달리, 난자에는 유전물질 말고도 세포질과 미토콘드리아가 있어서 세포분열을 통해 몸을 만들 수 있어요. 미토콘드리아는 일종의 에너지 발전소로서 연료통 역할을 합니다.

난자가 생명 잉태의 핵심이군요. 정자는 하는 일이 별로 없는 것 같아요.

그렇지 않아요. 난자 입장에서 유전자 반쪽을 받아야 완전한 배아가 되니까, 정자 앞에서 을(乙)이지요. 하지만 수정이 된 후부터는 난자 혼자의 힘으로 생명 잉태를 완성해요. 고령 여성의 난자, 난소기능 저하의 난자들은 미토콘드리아가 부실해요. 세포분열이 잘 되어야 몸을 만들 수 있잖아요. 씨가 안 좋으면 밭이 좋아도 물거품입니다. 씨가 좋으면 척박한 밭에서도 농사를 지을 수 있어요. 자궁근종, 자궁선근종이 심해도 건강한 난자와 정자가 만나서 배아가 되면 무사히 출산할 수 있어요.

결혼이 늦어지니까 조기폐경이 되면 임신할 수 없게 되겠어요.

그렇죠. 젊을 때 좋은 난자는 다 버리고 부실한 난자만이 남아 있다고 상상해 보세요. 난자는 연금식 예금을 연상하면 됩니다. 여아가 잉태되면 20주 정도 됐을 때 이미 평생 쓸 난자가 700만 개 정도 만들어집니다. 태어날 때는 200만 개로 줄고 사춘기가 되면 30만~40만 개가 되어요. 폐경이 될 무렵 난소에는 난자가 1000여 개밖에 없어요. 생식력이 없는 쭉정이만 남아 있다고 보면 됩니다.

난자만 본다면 몇 살 때가 생식능력이 절정인가요.

13~14세쯤 초경이 시작되지만 처음부터 튼실한 난자가 배란되는 건 아니에요. 10대 후반에서 20대 중후반까지가 절정입니다. 뼈 골밀도가 이때 가장 높듯, 난소에서 난자를 선발하는 시스템의 성능도 이때가 최절정이에요. 35세를 넘기면 많은 난자가 부실해집니다. 설상가상으로 생식기 내에 젊을 땐 없던 자궁내막증 같은 문제가 생길 수도 있어요. 생식학적으로 따지면 서른 전에 출산을 끝내는 게 좋아요.

난자가 안 좋아지는 직업이 있나요.

없다고 할 순 없어요. 예전에 한 전자회사에서 조기폐경 여직원에게 피해보상을 하기로 했다고 하더군요. IT산업체에서는 제품을 만들 때 미세먼지를 없애기 위해 톨루엔과 같은 유기용매제를 쓸 수밖에 없거든요. 임신을 염두에 두고 있다면 가급적 유기용매에 노출되지 않아야 합니다. 발암물질이나 발암의심물질이 생식계·신경계·면역계에 영향을 줄 수 있으니까요. 또 밤낮이 바뀌어도 수태력이 떨어질 수 있어요.

요즘은 젊은 부부들이 타이밍(배란)에 맞게 임신 시도를 해도 실패하는 경우가 많다고 하더군요.

수정 능력이 없는 정자였거나 난자 자체에 문제가 있었던 것일 수 있어요. 한번은 체외수정을 할 때 난자 옆에 건강한 정자를 두었는데 시간이 지나도 수정이 안 되었어요. 정자가 난자 껍질에 전혀 달라붙지 않는 거예요. 이를테면 난자가 호객행위를 전혀 못 하는 거죠. 난자 표면에 빨판이 있어서 정자가 오면 받아들여야 하는데, 그 난자는 표면이 매끈매끈한 거예요. 얼른 미세수정(주삿바늘로 정자를 난자 세포질 내로 직접 찔러서 주입하는 기술)을 했어요.

자궁내막증

자궁내막증이 10년 전 대비 2.6배 증가했다고 해요. 특히 40대는 50% 이상이 자궁내막증이 있다는 통계도 있고요.

자궁내막증은 자궁 내벽에 있어야 할 조직이 다른 곳에 위치하는 상태를 말해요. 의학적으로 '이소성(異所性) 자궁내막'인 거죠. 주로 골반 안쪽 혹은 골반강 내 장기들에 붙어 있거나 둥지를 틀어 조그만 혹처럼 보여요. 난소뿐 아니라 골반과 자궁 뒤, 직장 근처에까지 퍼져 있을 수 있고요. 자궁 근육 속으로 파고든 자궁선근종도 자궁내막증에 속하죠. 가장 빈번하게 생기는 곳은 난소예요. 난소 안에서 낭종이 파열되기도 하고 크기가 커지면 심한 통증을 유발하죠. 난소는 아기씨(난자)가 담겨 있는 곳간인데, 자궁내막증이 생기면 난포가 자라는 것을 억제하고, 더 나아가 자궁에 착상하는 것을 방해해 유산율을 높일 수 있어요. 자궁내막증이 있으면 골반통, 월경통, 성교통, 심지어 배변통까지 생길 수 있어요.

난소에 자궁내막증으로 인해 낭종이 생기면 어떻게 치료해야 하나요.

난소를 포기하는 방법은 권하고 싶지 않아요. 일반적으로 산부인과 의사들은 낭종 크기가 6cm 이상이면 낭종을 제거해야 한다고 판단하는 경향이 있는데, 가임여성들은 선택을 잘 해야 해요. 복강경도 그렇고 로봇수술도 그렇고 낭종을 깨끗하게 제거하는 데에만 집중할 경우 자칫 난소기능을 잃어 난포(난자와 그것을 둘러싼 난포 상피세포의 복합체)를 상당 부분 포기해야 하는 상황이 벌어질 수 있거든요. 난소낭종을 일일이 제거하려다 소중한 원시난포*primordial follicle*까지 소실할 수 있어요. 자궁내막증 치료를 위해 난소를 일부 제거한다면, 이는 득보다 실이 더 클 수도 있어요. 빈대 잡자고 초가삼간을 태우면 안 되잖아요.

특별히 선호하는 치료법이 있나요.

알코올 시술이에요. 긴 바늘을 이용해서 난소낭종 안에 있는 초콜릿색 액체를 뽑아내고 생리식염수로 세척한 뒤 알코올을 발라 낭종 안에 있는 자궁내막 낭종 세포를 딱딱하게 경화시키는 방법입니다. 생체 조직을 탈수시켜 경화시키는 알코올의 작용을 최대한 이용한 거죠. 지난 10년간 수많은 난임 여성이 알코올 경화술을 통해 임신에 성공할 수 있었어요. 자궁내막증의 크기를 줄이고 난소를 지킬 수 있는 최선의 선택이더군요. 빈대를 잡기 위해 꼭 집을 태울 필요는 없어요. 집에 있는 가재도구를 햇볕에 잘 말리고 또 방 안의 빈틈을 창호지로 깨끗하게 발라 빈대가 더는 들어오지 못하도록 하는 방법이죠. 난소의 낭종은 줄이고, 임신 또한 가능하게 만드는 일종의 '원원 작전'이라고 보면 됩니다.

난자 냉동

요즘 결혼하지 않겠다는 여성이 너무 많이 늘어나고 있어요.

한 살이라도 젊을 때 자신의 난자를 냉동 보관해 놓아야 해요. 아무리 늦어도 45세 이전에 하길 권장합니다. 40대가 되면 난소기능 저하에 가속이 붙거든요. 예컨대 41~42세와 45~46세의 난소기능 저하 속도는 확연히 다릅니다.

난자 냉동도 정자를 냉동하는 것처럼 간단한가요.

물론 정자보다는 힘들어요. 난자는 셀 *Cell* 이 크고 냉동과 해동을 거치면서 방추사가 망가질 수 있기 때문이죠. 감수분열을 하면서 중심체 방추사로 인해 염색체가 배열하는데, 이때 분리되지 못하고 한쪽으로 몰리는 불분리 현상이 일어나면 돌연변이로 인해 비정상 염색체를 갖게 되거든요. 하지만 최근 몇 년간 난자 냉동 기술이 눈부시게 발전했어요. 영하 210℃ 액체질소로 난자를 급속 냉동하는 '유리화동결법'인데, 난자의 생존율이 최고 89.4%에 이릅니다. 다만 동결보존액이 난자 안으로 침투할 경우 난자가 굳어버릴 수 있어요. 삼투압의 급격한 상승이나 미토콘드리아 손상 등으로 인한 난자의 괴사를 초래할 위험도 있고요. 하지만 성숙란을 냉동하면 이와 같은 문제가 줄어들어요. 그래서 성숙란, 아성숙란, 미성숙란 3단계 분류 후 차별화된 체외 성숙을 거쳐 냉동 보관하는 기법을 이용하고 있어요.

기혼이라도 출산을 미룬다면 난자 냉동을 고려할 수 있겠어요.

암 같은 질병으로 치료를 받고 있다면 한 살이라도 젊을 때 난자를 냉동시켜 놓으면 든든하겠지요. 마치 생명보험에 가입하는 마음이 아닐까 싶어요. 여성들이 똑똑해졌어요. 난자가 얼마나 중요한지 아는 이상 대책을 세우는 거죠. 미혼 여성들도 당장은 결혼할 상대가 없지만, 결혼을 안 할 생각은 아니라며 난자를 냉동하러 오더라고요. 난자를 보관한 주 연령층이 35세에서 40세 이하의 전문직 여성이 36%로 가장 많았어요.

내가 단일 배아 이식을
고집하는 이유

이성구 원장
대구마리아

1962년생. 서울대 의대 졸업. 현 마리아의료재단 대구마리아 원장.
2015년 세계 3대 인명사전 '마르키스 후즈 후 인 더 월드' 등재

#난임 부르는 남성호르몬 #세포질 이식
#나이 들어서도 질 좋은 난자 만들기
#다배아 이식술과 단일 배아 이식술

이성구 대구마리아 원장은 국내에서 시험관아기 시술_IVF_에 관한 한 최다(最多)라는 수식어를 가장 많이 보유하고 있다. 지난 30여 년간 IVF를 통해 7만 쌍 이상의 난임 부부에게 출산의 기적을 안겨준 그에게 세포질 이식과 단일 배아 이식술 등에 대해 들었다.

난임 부르는 남성호르몬

다이어트도 난임의 원인이 되나요.

여성의 몸이 슬림_slim_할수록 피해를 보는 건 난자입니다. 난자의 질_quality_이 좋으려면 체중이 적당해야 해요. 비쩍 마른 저체중 여성은 배란이 안 될 수 있거든요. 너무 마르면 시상하부에 있는 배란 중추가 작용을 못 해요. 더 큰 문제는 다이어트입니다. 다이어트가 지나치면 칼로리 섭취가 부족해 월경이 없어지고 배란이 불규칙해지고 난자의 질이 떨어집니다.

체중과 난자의 질 사이에 상관관계가 크군요.

체형이 더 중요합니다. 옛날에 어르신들이 '여자 어깨가 너무 넓으면 안 된다'고 했는데, 일리가 있어요. 어깨가 넓다는 건 남성형 체형이라는 얘기거든요. 남성형 체형이면 임신이 잘 안돼요. 엉덩이둘레를 분모로 허리둘레를 분자로 했을 때 0.8이 넘으면 남성형 체형입니다. 여성형 체형은 허벅지와 엉덩이에 지방이 많은 반면, 남성형 체형은 가슴·등·배 위쪽에 지방이 많거든요. 남성형 체형일 경우 배란 장애가 올 확률이 훨씬 높아요. 체형에 상관없이 단순 비만일 경우에도 배란 장애가 올 수 있고요.

남성형 체형이 되는 특별한 이유가 있나요.

남성호르몬이 많기 때문이죠.

남성호르몬이 과한 여성이란 걸 알 수 있는 방법이 있나요.

털을 보면 알 수 있어요. 특히 음모(생식기 주변에 난 털)를 보면 알아요. 음모는 남성호르몬의 지배를 받거든요. 남성호르몬이 과다한 여성일 경우 음모가 중간에 집중적으로 쏠려 있어요. 모양이 역삼각형이 아니라 배꼽 방향으로 올라가면서 마름모꼴을 만들려고 하죠. 항문까지 나 있다면 남성호르몬이 정말 많은 거예요. 임신에 방해가 됩니다.

남성호르몬이 임신을 방해하는 건가요.

소금이 필요한데 설탕을 넣으면 안 되잖아요. 남성호르몬과 여성호르몬은 설탕과 소금처럼 역할이 서로 달라요. 자궁에는 여성호르몬(에스트로겐, 황체호르몬)이 필요합니다. 특히 임신은 여성호르몬이 주도하죠. 남성호르몬이 과다하면 배란이 잘 안되고 자궁위축이 오고 질 점액이 줄어요.

여성이 나이가 들면 남성호르몬이 많아진다고 하던데요.

남성호르몬이 많아지는 게 아니라 여성호르몬이 적어지는 거예요. 여성이 나이 들면 여성호르몬이 떨어지는 비율이 남성호르몬이 떨어지는 비율보다 더 크기 때문에 상대적으로 남성호르몬이 많이 남아 있는 거죠. 폐경이 되면 여성호르몬 결핍으로 고왔던 피부가 거칠어집니다. 남자도 마찬가지고요. 젊을 땐 남성호르몬이 우월하지만 나이 들면서 급격히 떨어져요. 남성에게 남성호르몬이 고갈되면 고환이 위축되고 근육이 퇴화되고 털이 빠집니다. 여성호르몬이 더 많이 남아 있어서 섬세하고 부드러워질 수 있고요.

임신이 잘 안되는 이유 중에 예민함도 포함된다고 하던데요.

맞아요. 스트레스에 지나치게 민감하면 임신이 잘 안됩니다. 평소 시상하부(뇌분비조절중추) 밑에 있는 뇌하수체에서 난소에 명령을 내리는데 극단적인 상황이 되면 기능을 못 해요. 또 스트레스로 나오는 호르몬(코르티솔)이 여성호르몬의 활동을 방해합니다. 스트레스를 받으면 '젖분비 호르몬'이 올라가는데, 그렇게 되면 배란을 방해하고 난자의 질을 떨어뜨립니다. 자궁수축이나 경련이 올 수도 있어요. 신경질을 잘 내고 예민한 여성 중에 난임인 경우가 많아요. 선조들이 '무던하고 느긋한 여자가 애를 잘 낳는다'고 했는데, 일리가 있는 말이에요.

세포질 이식

나이도 임신과 상관관계가 큰가요.

부부 두 사람 다 30대 중반이 넘었다면 난임 상태를 1년 이상 방치해서는 안 됩니다. 난자의 질이 급격하게 떨어지기 때문이에요. 여성은 평생 쓸 난자를 갖고 태어나요. 약 20만 개 돼요. 한 달에 한 개의 난자를 배양하기 위해 수백 개의 난자가 경쟁합니다. 그중 제일 우수한 게 배란되거든요. 어릴수록 배란되는 난자의 질이 좋아요. '손만 잡아도 임신이 된다'는 말이 바로 여기서 나온 겁니다. 10대, 20대엔 호르몬 명령에 쉽게 반응하는 난자가 동원되거든요. 이런 난자는 정자를 쉽게 받아들이고 착상이 잘 되고 세포분열이 잘 되죠.

나이 든 난자는 임신이 잘 안된다는 얘기인가요.

쉽지 않다는 거죠. 질 좋은 난자를 젊을 때 다 써버렸거든요. 30대 중반이 넘으면 호르몬에 쉽게 반응하지 않는 난자만 남아 있어요. 35세를 넘긴 여자의 경우 기형아 검사를 반드시 해보라는 것도 바로 이 때문입니다. 씨앗이 좋으면 흙에 돌이 있어도 싹을 틔우잖아요. 종자가 중요하죠.

종자라면 흔히 정자를 말하지 않나요.

정자엔 핵만 있어요. 난자에는 핵도 있고 세포질도 있고요. 정자는 난자에 핵의 DNA만 주는 거예요. 그런데 핵의 DNA는 자꾸 변해요. 어떤 여자를 만나느냐에 따라 변하는 거죠. 하지만 난자의 세포질에 있는 미토콘드리아 DNA는 1억 년, 10억 년이 지나도 그대로 유전됩니다. 그래서 생식학적으로 따지면 성씨가 모계(母系)로 계승되는 게 맞아요.

난자의 미토콘드리아는 어떤 기능을 하나요.

연료 공장입니다. 수정란이 세포분열을 할 때 에너지가 필요하잖아요. 나이 든 난자의 경우 연료 공장이 제대로 돌아가지 않는 셈이니 세포분열이 잘 안되죠. 기형아가 생기거나 임신이 잘 안될 수도 있고요. 이런 경우에 핵(염색체, DNA)은 놔두고 건강한 난자의 세포질을 이식하면 연료 공장이 잘 돌아가니까 임신에 성공할 수 있는 거죠. 이게 바로 세포질 이식입니다. 난자에는 핵을 둘러싼 세포질에 여러 소기관이 있는데 가장 중요한 것이 미토콘드리아거든요. 배아세포가 세포분열을 해서 온몸을 완성할 수 있는 것이 바로 미토콘드리아 덕분이에요. 난소기능 저하가 심한 여성의 난자는 핵이 건강해도 미토콘드리아 수가 적고 부실해서 수정이 되어도 세포분열이 잘 안됩니다. 해외에서는 선천적으로 난자에 미토콘드리아 결함이 있는 여성이 건강한 난자의 세포질을 자신의 난자에 이식받아 출산한 사례들이 있어요. 그런데 국내에서는 세포질 이식 기술이 있어도 난자를 기증받기도 힘들고, 기증자가 있더라도 세포질 이식 자체가 생명윤리법상 불법이어서 시술이 불가능해요.

생식학적으로 따지면 수정란의 주인은 여성인 것 같군요.

맞아요. 임신도 정자가 결정하는 게 아닙니다. 정자는 핵 DNA만 줄 뿐이고 수정란을 키우는 건 자궁이죠. 자궁이 99% 임신을 결정해요. 수정이 이뤄진 후 정자의 기능은 1%도 안 돼요.

이 원장은 "정자는 난자를 만나기 위해 자궁 속에서 2~3일 버티지만 난자는 절대로 기다려주지 않는다"면서 이런 얘기를 들려줬다.

"난자의 배란 시간은 그 순간이거든요. 늦어도 12시간 안에 정자를 만나야 해요. 정자가 사정되어 난소까지 가는 데 8시간이 걸립니다. 늦게 도착하면 난자가 퇴화해 딱딱해져서 정자가 뚫고 들어가질 못해요. 건강한 20대라도 임신율이 25%밖에 안 되는 것은 배란 시간을 정확하게 맞출 수 없기 때문입니다. 동물은 발정기가 있어 임신율이 높지만, 인간은 시도 때도 없이 성교가 가능한 대신 배란 시간이 짧아 확률이 낮은 거죠."

나이 들어서도 질 좋은 난자는

난임의 가장 큰 원인 중에 운동 부족도 무시할 수 없겠죠?

그렇죠. 여성이 운동하면 대사가 활발해지고 혈액순환이 잘 되므로 임신이 잘 돼요. 웨이트 트레이닝, 걷기, 뛰기, 수영 등 모든 운동이 다 좋아요. 반신욕이나 족욕도 도움이 되고요. 게으르면 임신이 잘 안될 수밖에 없어요. 간혹 '절에 가서 열심히 기도했더니 임신이 됐다'고 하는 분이 있는데, 일리가 있어요. 108배(拜)가 엄청나게 운동이 되거든요. 매일 108배를 100일간 하면 몸의 신진대사가 활발해지고 혈액순환, 특히 아래쪽 혈액순환이 최고조에 이를 겁니다.

비만도 난임과 연관이 있나요.

남성호르몬(테스토스테론)은 남성만 있는 게 아니라 여성에게도 있어요. 몸에 지방이 많으면 남성호르몬이 여성호르몬으로 바뀌어버려요. 남자가 뚱뚱해지면 여자처럼 유방이 나오고 고환이 위축될 수 있죠. 여성도 뚱뚱하면 남성호르몬이 여성호르몬으로 바뀌어 여성호르몬이 지나치게 많아져요. 여성이 배란하려면 주기를 타야 하는데, 여성호르몬이 너무 많으면 배란 장애가 일어나요.

나이가 들어서도 질 좋은 난자를 보유하는 여성의 특징이 있다면요.

운동을 많이 하고 규칙적으로 생활해요. 몸의 대사가 활발한 여성일수록 난자의 질이 좋아요. 난자의 질이 좋으면 피부에 윤기가 흘러요. 난자는 스트레스 같은 외부환경에 큰 영향을 받거든요. 하지만 난자의 질이 좋았던 여성이라도 몇 달 동안 정신적·육체적으로 스트레스를 받으면 난자의 질이 안 좋아집니다. 임신하고 싶으면 몸·건강 관리하고 스트레스를 덜 받는 수밖에 없어요.

간혹 해외 토픽에서 '60대 여성이 임신을 했다'는 기사가 눈에 띄더군요.

폐경으로 난소의 기능은 끝났더라도 자궁이 건강하다면 가능한 일입니다. 젊은 여성의 질 좋은 난자를 구해서 체외에서 정자와 수정시켜서 자신의 자궁에 이식한 거죠. 자궁에 수정란이 착상되기만 하면 태반이 형성되어 아기를 키울 수 있어요. 하지만 자궁도 나이가 들면 혹이 생기거나 자궁위축이 오거든요. 그래서 임신이 쉽지는 않아요. 임신에 성공한다고 해도 몸에 무리가 와요. 임신중독증이나 고혈압·당뇨 같은 합병증 때문에 건강한 아기를 낳기가 쉽지 않아요.

나이 들어도 임신을 하려면 술 담배도 끊어야겠네요.

그럼요. 술 마시고 담배 피우면 난소가 빨리 늙어요. 모든 호르몬은 간에서 생을 마감하는데 간 기능이 떨어지면 술 해독이 안 되듯이 호르몬 분해가 안 됩니다. 담배도 난소를 빨리 늙게 만듭니다. 난소가 저산소증 때문에 자연적으로 파괴되어 버려요.

단일 배아 이식

단일 배아 이식술 분야에서 독보적인 시술 건수를 보유하고 있는 이 원장은 2015년 세계 3대 인명사전 중 하나인 '마르키스 후즈 후 인 더 월드'에 국내 난임 전문의 최초로 등재되기도 했다.

단일 배아 이식은 말 그대로 한 개 배아만을 자궁 내에 이식하는 것이다. 이미 선진국에서는 다배아 이식(배아를 두 개 이상 이식)을 지양하고 단일 배아 이식을 선호할 뿐 아니라 법률적으로 배아 이식 개수에 대한 가이드라인을 정하는 추세다.

다배아 이식은 자칫 자궁 내에 다배아 착상이 되어 다태아(쌍둥이나 세쌍둥이 등) 임신으로 이어질 수 있다. 실제로 다태아 임신은 유산이나 조산, 태아 기형 등 합병증을 가질 확률이 단태아 임신보다 최고 7배에 달한다. 자궁 내 임신과 자궁 외 임신이 공존하는 병합 임신의 위험도 배제할 수 없다. 결과적으로 다배아 이식의 출산율이 낮은 이유다.

미국과 유럽에서는 안전성과 유효성을 고려해 단일 배아 이식을 정책적으로 권장하고 있다. 이식 가능한 배아 개수가 스웨덴은 한 개, 프랑스는 두 개, 독일은 38세 이하의 경우 두 개 이하로 제한하고 이를 어길 경우 3년의 징역형에 처하도록 하고 있다. 국내에서는 2015년부터 35세 미만은 3일 배양 배아일 경우 두 개, 5일 배양 배아일 경우 한 개로, 35세 이상은 3일 배양 배아는 세 개, 5일 배양 배아는 두 개로 제한하고 있기 는 하다.

이 원장은 배아를 하나만 이식해 합병증 위험이 높은 다태아 임신을 예방해야 한다는 것에 남다른 열정과 철학을 갖고 있다. 쌍둥이나 세쌍둥이 임신이 축복이 아니라 의학적으로는 비정상적 임신으로 분류된다는 것. 단순 착상률을 올리기 위해서 배아를 여러 개 이식하는 것은 최종 목표(출산)와 더 멀어질 수 있다고 강조한다. 무엇보다 배아 하나만 자궁 내 이식해도 여러 개 넣은 것과 비교해 임신율에 차이가 없기 때문에 굳이 여러 개를 넣을 필요가 없다는 것이다.

단일 배아 이식을 고집하는 이유가 있나요.

다태아(태아가 둘 이상)에게 생길 수 있는 여러 합병증 때문이죠. 다태아를 임신한 여성은 유산이나 조산, 태아 기형 등 다양한 합병증을 가질 확률이 42%로 보고돼 있어요. 이는 단태아 임신의 최고 7배에 달하는 수치예요. 2009년 미국의 한 난임 전문의의 면허가 취소되는 일이 있었어요. 여덟 쌍둥이를 낳게 했다는 이유에서였어요. IVF를 할 때 여성의 몸에 필요 이상의 많은 배아를 이식하는 의사가 있는데, 이 과정에서 다태아가 생길 수 있어요. 임신 가능성을 높일 수는 있겠지만 아이와 산모의 합병증 위험을 크게 높입니다. 해당 의사는 환자 건강 보호 의무를 소홀히 했다는 이유로 면허를 취소당한 것이죠.

IVF를 할 때 배아를 두 개 이식해서 한 번에 쌍둥이를 임신하는 것을 소원하는 여성이 많아요.

여러 가지 불행의 변수를 안고 가야 해요. 신생아 두 명 이상이 자궁에 자리 잡으면 결국 임신 말기로 갈수록 공간이 부족할 수 있어요. 임신 주수를 제대로 채우지 못하고 조기 출산하면 저체중아(미숙아 등)를 낳게 됩니다. 한 달 먼저 나오는데 무슨 탈이 있겠나 싶겠지만, 아니에요. 제가 2008년부터 단일 배아 이식을 원칙으로 하겠다고 선언했는데, 이전에는 저도 다배아 이식을 했어요. 그때에는 다태아가 너무 많이 태어나 신생아집중치료실이 거의 마비될 정도였습니다. 특히 심장 · 폐 이상이 많아 위험한 경우가 한둘이 아니었어요. 처음엔 임신에 성공했다고 기뻐한 산모들이 건강한 아기를 안고 찾아오는 게 아니라 조산이나 유산을 하고 찾아와 절규하는 일이 생겼어요. 그럴 때마다 마음이 아프고 미칠 것 같았습니다. 임신에 성공하는 것도 중요하지만 건강한 출산이 더 중요하다는 것을 깨달았죠. 그때 결심했어요. 단일 배아 이식을 해야겠다고.

다배아 이식이 착상률을 높일 수는 있지만 태아와 산모에게는 위험하다는 것인가요.

그렇습니다. 다태아를 임신하면 저체중아, 미숙아를 낳는 일로 연결될 수 있습니다. 선택유산을 해야 하는 경우도 생기고요. 난임 부부들은 단일 배아 이식의 임신율이 다배아 이식에 비해 떨어진다고 우려하지만 꼭 그렇지는 않아요. 다태아를 임신하면 중간에 유산될 수 있어서 결국 출산 성공률을 따지면 단일 배아 이식이 더 높거나 비슷해요. 임신하는 것이 중요한 게 아니라 출산을 무사히 해야 하잖아요.

단일 배아 이식을 위해 여러 배아 중에서 단 한 개 배아만을 선택하는 것이 여간 부담스럽지 않을 텐데요.

IVF 건수가 많을수록 배양 경험이 풍부해지거든요. 한 달에 IVF 300 케이스를 한다면 3000개 배아를 다뤄보는 건데, 그걸 20년 이상 해왔으니 얼마나 많은 경험이 축적되고 피드백이 되었겠습니까. 배양하면서 온갖 변수를 많이 경험하게 됩니다. 여러 배아 중에서 한 개를 잘 선발하려면 수정으로부터 5일까지 체외에서 무사히 배양되어야 해요. 그래야 선발하기 좋아요. 배아 입장에서 체외지만 체내처럼 환경이 잘 조성되어야 컨디션을 잘 유지하면서 포배기까지 배양이 되거든요. 포배기 배아(5일째)에서 착상 확률이 높은 단 한 개 배아를 선발하는 것이 3일째 배아보다 훨씬 수월해요. 이처럼 착상률 높고 출산까지 갈 수 있을 만한 배아를 잘 선발할 수만 있다면 단일 배아 이식에 승부를 걸어볼 만합니다.

공배양을 고집하는 이유

포배기 배아까지 무사히 배양해 내려면 배양기술력이 받쳐줘야겠어요.

배양법에서 공배양을 고집하고 있어요. 공배양은 난자의 자체 난포액과 난구 세포를 그대로 이용하는 배양법입니다. 난자 주변을 에워싸고 있는 자체 액에는 정자를 유인하는 것에서부터 아직 밝혀지지 않은 신비한 자연의 무언가가 있다는 거죠. 아무리 최신 합성 배양액이 좋아도 난자를 둘러싼 자체 액보다 좋을 리가 없다는 기대에서 시작된 겁니다. 자연의 순리(난자든 정자든 자연 그대로)를 그대로 재현하자는 거죠. 실제로 자기 난포 액으로 배양을 해보니까 난자 상태 유지율, 수정률, 세포 분열의 자체 에너지 등이 훨씬 좋더라고요. 특히 난소기능 저하가 있다든지 고령이어서 난자가 안 좋은 경우에는 공배양으로 하는 게 큰 효과를 봤어요.

수없이 많은 IVF를 하시면서 느낀 착상의 키워드는 무엇이던가요.

IVF에서는 배아를 잘 체외배양하고 이식할 배아를 잘 선택해야 하는 것이 중요해요. 하지만 아무리 배양 기술이 좋아도 수정란(배아)이 건강해야 합니다. 그러기 위해서는 건강한 난자와 정자가 나와야 해요. 정자와 난자가 당사자의 몸에서 나오는 건데, 난임 당사자가 마음이 편해야 해요. 강박관념(임신에 대한)에 너무 사로잡혀서는 안 됩니다. 난임이지만 낙천적으로 자신감을 가지고 시술에 임해야 해요. 저는 난임 전문의로 살아오면서 늘 걱정이 있어요. 내가 태어나게 한 아기들이 건강하게 잘 자라고 있을까 하는. 제가 생각하는 난임 전문의는 이러합니다. 단순히 '태어나게 함'에 그쳐서는 안 됩니다. 그들이 건강하게 태어나고 건강하게 살며, 그 자식이 자식을 낳아도 문제가 없어야 하잖아요. 그래서 저는 난임 시술에서 가장 중요한 핵심은 건강한 배아 선발과 이식에 있다고 봅니다.

04

남성 난임의
원인과 극복

서주태 원장

박정원 원장

한지은 원장

강진희 원장

석현하 원장

이상찬 원장

무정자증이라고 함부로
고환 건들면 안 돼요

서주태 원장
서주태비뇨의학과의원

1961년생. 연세대 의대 졸업. 제일병원 비뇨기과 과장. 제일병원 원장.
제일병원 IRB 위원장. 현 서주태비뇨의학과의원 원장

#남성 난임 원인 30%는 정계정맥류
#탈모치료제와 성 기능 약화 #폐쇄성 무정자증과 교정술
#비폐쇄성 무정자증과 미세다중수술
#난임 예방 위해 남성이 꼭 알아야 할 것들

난임의 원인이 남성에게 있는 경우가 전체 난임의 40%에 달한다고 한다. 남성 난임의 원인은 정자 수 부족, 정자 활동성 부진 등 단순 정자 장애에서부터 염색체 이상 등 유전적 요인, 고환 기능 부전증이나 고환의 구조적 이상 등으로 인해 정자 생산에 문제가 생긴 경우 등 다양하다. 성병이나 결핵 등에 의해 정자 배출구가 일부 손상돼 난임으로 이어지기도 한다. 하지만 현대 생식의학에서는 어지간한 정자 문제는 시험관아기 시술_IVF_을 통해 해결할 수 있다. 문제는 무정자증일 경우다.

무정자증은 사정된 정액 속에 정자가 한 마리도 없는, 말 그대로 무(無)정자인 상태를 말한다. 생명 잉태에서 가장 기본적 요소가 되는 생식세포(정자, 난자)에서 정자의 부재는 단순히 난임이 아니라 불임으로 이어질 수 있다. 남성 난임 환자 중 15~20%는 무정자증인 것으로 나타나고 있다.

무정자증 중에서도 고환에서 정자를 생산하지 못하는 비폐쇄성 무정자증(전체 무정자증의 60%)의 경우 최종적으로 불임 판정을 받게 된다. 이 중 일부는 정자은행을 통한 제3의 정자(비배우자 정자 공여)를 제공받지 않는 한 임신할 수 없다. 남성 난임 전문의인 서주태 서주태비뇨의학과의원 원장에게 남성 난임의 대표적 원인인 정계정맥류와 무정자증에 대해 들어봤다.

남성의 경우 자연임신이 힘들다고 판단하는 기준이 있나요.

명확한 기준은 없어요. 정자의 수나 활동성이 많이 떨어져도 여성이 배란이 잘 되고 건강하면 자연임신이 되는 경우도 있으니까요. 하지만 확률적으로 정액검사에서 활동성 있는 정자 수가 50만 마리 미만일 경우 자연임신이 힘들다고 봅니다.

정자 수나 활동성은 3개월 정도 노력하면 좋아질 수 있다고 하던데요.

그럼요. 스트레스를 줄이고 운동과 식이요법을 통해 몸을 관리하면 상태가 많이 호전될 수 있습니다.

정계정맥류로 인한 난임

탈모치료제가 남성의 성 기능을 약화시킨다는 이야기가 있던데, 정말 정자 생산에 영향을 주나요.

그런 질문을 환자분들에게 많이 받습니다. 건강한 사람에게 탈모치료제를 투여한 후 정액 수치 변화를 확인해 보니 약간 문제가 되긴 하지만 약을 끊으면 이내 정상 수치로 되돌아온다는 연구 결과가 있습니다. 자녀 계획이 있으면 발모제를 잠시 끊고 자녀를 가진 후 다시 복용하길 권장합니다. 이 약을 사용한 후 성 기능이 약화됐다는 분도 있는데, 연령대를 보면 50대가 많습니다. 20~30대는 발기부전을 호소하지 않아요. 약 때문에 성 기능이 약화됐다기보다는 남성호르몬이 감소하는 연령대이기 때문에 전보다 약화된 것이라고 봐야죠.

남성의 정자 수와 활동성이 떨어지는 게 스트레스와 운동 부족이 원인인 경우도 있지만, 정계정맥류가 원인인 경우가 많다지요.

남성 불임 원인 중에 전체적으로 보면 정계정맥류에 요인이 있는 경우가 약 30%에 달하는 것으로 나와 있습니다.

정계정맥류는 어떤 질환인가요.

젖먹이 동물, 포유류라고 하죠. 사람, 소, 개, 돼지는 몸 밖에 고환이 있어 고환 음낭의 온도가 체온보다 낮아요. 사람의 경우 약 1.2도가 낮죠. 그래야 정자의 생성과 성장이 활발하거든요. 그런데 사람은 직립보행을 하니까 압력으로 인해, 혹은 혈관 문제로 인해 정맥이 늘어나기 쉬워요. 이것을 '정맥류'라고 하는데, 대표적으로 많이 생기는 게 하지정맥에 생기는 하지정맥류죠. 그리고 음낭에 있는 정맥이 정계정맥인데, 이게 늘어나면 정계정맥류라고 합니다. 정계정맥이 많이 늘어나면 고환 온도가 올라가고 고환의 정자 생성에 악영향을 주게 됩니다. 우리 몸에는 필요하지만 고환에는 나쁜 영향을 주는 물질들이 콩팥에서 역류되고, 산소 농도가 떨어지고, 정자 생성에 나쁜 영향을 줘서 정자의 숫자·모양·운동성이 떨어지는 거죠. 남성 불임 원인 중 치료할 수 있는 가장 흔한 질환입니다.

스스로 노력하면 발병을 예방할 수 있나요.

본인의 노력이나 생활 습관 때문에 생기는 것은 아니고 혈관 자체의 문제이기 때문에, 본인도 모르는 경우가 많습니다.

수술하면 자연임신을 할 수 있나요.

네. 정계정맥류를 수술하는 이유는 자연임신을 위해서입니다. 실제로 여성에게 문제가 있는지 여부를 고려하지 않고 남성에게 정계정맥류가 있는 부부의 자연임신율을 10%로 봅니다. 이게 수술 치료를 하고 나면 60%까지 올라갑니다. 지금 건강보험 체계에서 시험관아기 시술 *IVF* 보험 요건 중에 남성에게 정계정맥류가 있는 경우 이걸 먼저 치료하도록 되어 있습니다. 그 이유는 정계정맥류 수술을 해서 자연임신에 성공할 확률이 IVF 임신 성공률보다 1.8~2배 높기 때문이죠.

여성의 난소기능 저하가 심하다면 IVF로 바로 가는 것이 좋지 않을까요.

정계정맥류가 있는 남자라고 해도 무조건 수술하는 건 아닙니다. 가장 큰 전제 조건이 IVF를 안 하고 자연임신율이 훨씬 높아야 한다는 거죠. 여성의 난관이 막혀 있어 난자가 배출이 안 되기 때문에 IVF를 할 수밖에 없는 상황이라면 남자가 정계정맥류 환자라고 하더라도 정계정맥류 교정 수술을 하지 않고 바로 IVF에 들어가게 되어 있죠. 이외에도 남자 나이보다는 여성 나이를 고려해서 정계정맥류 교정 수술을 먼저 할지, IVF를 바로 할지 판단해야 합니다.

폐쇄성 무정자증과 교정술

무정자증도 여러 경우가 있나요.

폐쇄성 무정자증과 비폐쇄성 무정자증이 있습니다. 폐쇄성은 고환에서 정자가 생산은 되는데 배출 통로에 문제가 있는 상태이고, 비폐쇄성은 정자 생산부터 문제가 있는 경우입니다.

폐쇄성 무정자증은 고환에서 정자가 생산은 되고 있으니 임신이 가능한 거 아닌가요.

그렇죠. 간단한 교정 수술로 해결 가능합니다. 고환 옆 부고환이 막힌 경우가 가장 많은데, 이때는 정관부고환문합술로 교정이 됩니다. 정관수술을 한 경우도 폐쇄성 무정자증이 되는데, 이때는 정관정관고환문합술로 간단히 해결됩니다.

교정술로 자연임신이 가능해진다는 건가요.

막혔던 배출 통로가 열렸으니까요. 아내의 나팔관이 열려 있다면 자연임신이 가능하고, 난임 시술을 하더라도 인공수정(자궁 내 정자주입술)부터 할 수 있습니다. 사실 폐쇄성 무정자증일 경우 의학적으로도 그렇고 우리나라 건강보험 제도상 교정술부터 하는 게 맞습니다. 교정술을 하면 IVF까지 안 가도 돼요. 아주 간단한 시술인데도 일선 비뇨기과 의사들이 잘 안 하려고 합니다. 정관부고환문합술과 정관정관고환문합술은 전국적으로 1년에 50건도 이뤄지지 않아요.

왜 그런 거죠.

의료수가가 턱없이 낮거든요. 두 가지 모두 수술비가 60만~70만 원에 불과해요. 반면 미국은 8만~10만 달러(약 9500만~1억2000만 원)예요. 그러니 미국 의사들은 폐쇄성이면 교정술부터 하는 거죠. 사실 IVF를 권장하는 것보다는 자연임신을 할 수 있도록 교정 수술부터 권하는 것이

옳아요.

폐쇄성 무정자증이 되는 이유가 뭔가요.

우선 선천적으로 정관이 없는 남성이 있어요. 이 경우 교정술을 못하고 바로 고환에서 정자를 채취하는 시술TESE로 넘어가야 합니다. 그 외에 성병이나 결핵, 기타 염증으로 인해 부고환에서 정관으로 넘어가는 길이 막힐 수 있어요. 이럴 땐 정관부고환문합술을 합니다. 전립선 쪽 출구가 막힐 수도, 전립선 뒤 사정관이 막힐 수도 있어요. 부고환에 염증 등의 문제가 있을 수 있고요. 다양한 원인이 있죠.

교정술을 해도 정자가 안 나오면 어떡하나요.

그러면 고환에서 바로 TESE를 해야 합니다. 폐쇄성 무정자증은 고환에 정자가 많아 고환을 조금만 절개해도 정자를 확보할 수 있어요. 고환에 손상을 전혀 주지 않고 국소마취로 간단하게 할 수 있어요. 현미경 없이 맨눈으로 할 수도 있고요. 폐쇄성이면 정자는 생산되는 것이기 때문에 정자를 찾는 건 간단하고 쉬워요. 문제는 정자 생산이 안 되는 비폐쇄성 무정자증이죠.

비폐쇄성 무정자증과 미세다중수술

비폐쇄성 무정자증은 어떻게 확진하나요.

고환 사이즈와 FSH(정자생산자극호르몬) 수치를 보죠. 성인 남성의 고환은 최소 20cc는 되는데, 그보다 작으면 비폐쇄성 무정자증을 의심할 수 있습니다. 20cc라고 하면 감이 안 올 텐데, 메추리알보다는 좀 더 큰 밤알 크기라고 보면 됩니다. 비폐쇄성 무정자증이 의심되는데 고환 크기가 정상이라면 고환 내에 생식세포는 있는데 정자를 만들지 못하고 있을 가능성이 커요. FSH 수치가 12 이상이면 비폐쇄성일 가능성이 크죠.

FSH는 난자를 성숙시키기 위해 분비되는 호르몬 아닌가요.

정자를 생산할 때도 FSH가 분비됩니다. FSH는 성선자극호르몬으로 표적기관(또는 표적 세포)에 영향을 줍니다. 여성의 표적기관이 난소라면, 남성은 정자를 생산하는 고환이죠. FSH는 여성에게는 난포자극호르몬, 남성에게는 정자생산자극호르몬이라고 하면 적절한 표현입니다. 인체의 호르몬 분비는 피드백 체제라서 난자 혹은 정자가 잘 만들어지고 있으면 뇌하수체 시상하부에서 FSH 분비량을 줄이고, 시원치 않으면 분비량을 늘립니다. 그래서 FSH 수치가 12 이상이면 정자 생산에 문제가 있다고 봐야 합니다.

뇌하수체 시상하부에서 호르몬이 분비되지 않으면 무정자증이 될 수 있나요.

그럴 수 있죠. 선천적으로 분비에 문제가 있는 칼만*Kallmann*증후군도 있고, 뇌하수체 종양이나 스테로이드 제제를 남용해도 그럴 수 있지만, 원인불명의 뇌하수체 기능저하증도 많아요.

정자를 생산하는 공장인 고환 자체에 문제가 있을 수 있지 않나요.

고환 기능이 안 좋아도 정자 생산이 잘 안되고, 테스토스테론과 같은 스테로이드 호르몬의 생성과 분비에도 장애를 유발할 수 있어요.

남성 염색체인 Y염색체의 일부 결손이 흔하다고 하는데, 이 경우 다 무정자증이 되나요.

꼭 그렇지는 않습니다. 물론 Y염색체 일부 결손은 정자 생산에 문제가 생기는 대표적인 유전 요인입니다. 대체로 무정자증이나 희소정자증으로 이어집니다. 약 2500명당 1명꼴로 Y염색체 결손을 겪고 있습니다. 단순히 정자 수가 감소하는 희소정자증이라면 IVF에서 미세수정(정자 직접 주입법·ICSI)으로 임신에 성공할 수 있습니다. 하지만 Y염색체 결손 중에서 a결손일 경우 비폐쇄성 무정자증으로 미세다중수술을 해도 고환에서 정자를 찾지 못합니다.

비폐쇄성 무정자증의 원인은 뭔가요.

원인불명이 많아요. 현재까지 밝혀진 바로는 클라인펠터증후군Klinefelter's Syndrome, Y염색체 결손, 세르톨리세포유일증후군Sertoli Cell Only Syndrome 등 선천적 이유가 있습니다. 클라인펠터증후군은 염색체 이상 케이스로 정상적인 46개 염색체(46,XY)보다 X염색체가 하나 더 많은 47개 염색체(47,XXY)인 경우입니다. 일반 남성에 비해 남성호르몬이 떨어지고 정자 생산이 안 되는 무정자증일 가능성이 커요. X가 많을수록 장애가 심해지는데, 심지어 48,XXXY나 49,XXXXY인 클라인펠터증후군 남성도 있습니다. 세르톨리세포유일증후군은 고환 장애로 정자가 생기지 못하는 질환입니다.

후천적으로 비폐쇄성 무정자증이 되기도 하나요.

항암 치료가 대표적입니다. 암 때문에 방사선치료 등을 해야 한다면 미리 정자은행에 정자를 동결 보존해 놓는 것이 좋습니다. 그 밖에 정계정맥류, 고환염, 잠복고환 등이 있고요.

비폐쇄성 무정자증일 경우 고환에서 정자를 찾을 수 있나요.

미세다중수술을 해봐야 압니다. 이 수술로 정자를 찾을 확률은 15~25% 정도 됩니다. 정자를 못 찾으면 정자은행을 통해 비배우자 정자 공여를 해야 합니다. 임신을 원한다면 그 길밖에 없습니다.

고환에서 정자를 어떻게 찾나요.

미세수술적 고환조직정자채취술Microsurgical TESE이 있어요. 환자들이 흔히 미세다중수술이라고 하는데, 수술 현미경을 사용해 정자 형성이 일어나는 세정관을 전체적으로 살펴보고 정자 형성이 일어나는 부위만을 선택적으로 채취하게 됩니다. 이렇게 해서 정자를 찾을 수 있기도 하지만, 그러지 못한 경우가 더 많습니다.

왜 그런 거죠.

정자가 있는지 없는지를 미리 알 수 없으니까요. 임신이 간절하니까 무조건 해보려는 거죠. 그런데 비폐쇄성 무정자증은 먼저 호르몬 검사와 염색체 검사를 한 후 신중하게 미세다중수술을 선택해야 합니다. 최근 폐쇄성 무정자증인지 비폐쇄성 무정자증인지가 불분명한데도 무조건 미세다중수술을 권하는 의사들이 있어 큰일입니다. 폐쇄성이면 고환을 조금 절개하는 TESE를 해야지 미세다중수술은 안 될 말입니다. 미세다중수술은 고환을 반으로 절개하는 대수술입니다. 거의 확실하게 비폐쇄성인 경우에만 정자를 찾기 위해 해보는 거예요. 신중해야 합니다.

고환의 여러 군데를 절개하거나 크게 절개하면 고환에 손상이 갈 것 같은데요.

물론 그렇지요. 그래서 어떤 시술을 할 것인지를 조심스럽게 판단하고 접근해야 합니다. 비폐쇄성 무정자증인 경우는 미세다중수술을 하면서 고환 조직검사를 동시에 진행할 수 있습니다. 비폐쇄성 무정자증의 경우 근본적 치료가 어려운 경우가 많아요. 고환에서 정자를 채취하는 게 실패하면 영구 불임이 되는 건데, 가급적이면 난임 전문의료기관 내 비뇨기과나 남성 난임을 전문으로 하는 비뇨기과를 찾아야 합니다. 고배율 수술 현미경 등의 장비와 난임 연구원 등의 인력이 갖춰진 곳에서 진료를 받는 것이 좋습니다.

비폐쇄성 무정자증 환자들의 경우 미세다중수술을 해서 정자를 찾지 못하면 재수술을 통해서라도 찾으려 하더라고요.

인터넷 블로그 등에서 재수술로 정자를 찾아냈다는 글을 읽고 여러 병원을 순례하면서 재수술을 해보려고 하더라고요. 너무 절실하니까 그런 거겠지만 난임 전문의료기관에서 미세다중수술을 시도해서 정자 찾는 걸 실패했다면 두 번째(재시술)도 마찬가지일 가능성이 커요. 그래서 재수술은 신중할 필요가 있습니다. 여성이 폐경되면 난소에 난자가 거의 없고 안 자라듯이 고환 상태도 비폐쇄성 무정자증이 진행되면 안타깝지만 비가역적(非可逆的)인 경우가 많습니다. 따라서 미세다중의 재수술은 첫 수술에서 발견된 정자로 임신이 되지 않았거나 조직 상태가 비교적 좋은 경우와 같은 특수한 상황에서만 신중하게 고려하는 것이 필요합니다.

난임 예방 극복 위해 남성이 꼭 알아야 할 것들

IVF로 남성 불임이 대물림되고 있다는 지적도 나옵니다.

그런 점도 없지 않아요. 저출산 시대에 IVF는 혁명적인 도전이지만 이로 인해 유전적 결함이 대물림되지 않을까 걱정스럽기도 합니다.

비폐쇄성 무정자증일 경우 남성 불임 요소를 대물림하지 말고 비배우자 정자 공여로 자식을 낳으면 어떨까요. 물론 우리나라는 상업 정자은행이 존재하지 않습니다만.

전 세계에서 상업 정자은행이 없는 유일한 나라가 한국과 북한, 슬로베니아 정도입니다. 미국, 영국, 일본, 호주, 독일 등은 동성애 부부도 정자은행을 이용할 수 있어요. 미국은 미혼모도 합법적으로 정자를 기증받을 수 있도록 허용하고 있고요. 우리나라도 정자은행에 대한 부정적 시선과 선입견을 없애야 하고, 정자 기증자에게 적절한 대가를 해줘야 합니다.

난자는 미성숙 난자를 체외에서 성숙시킬 수 있는데, 정자는 힘든가요.

정자는 어려워요. 미성숙정자의 경우 미세수정으로 수정란이 될 수는 있겠지만 세포분열 초기부터 실패할 수 있고, 수정란을 자궁 내 이식해 초기 착상이 되어도 결국 임신이 유지되지 않아요. 괜히 불필요한 비용만 발생하는 거죠. 미성숙정자 세포를 통한 임신 시도는 아직 추가적인 연구가 필요해요. 임상적으로는 정상적인 정자 머리와 꼬리 형태를 갖춘 성숙 정자만이 IVF를 통해 정상적인 임신이 가능합니다.

정자를 인공적으로 만들 수는 없나요.

자기 피부 세포에서 체세포 복제를 해서 정자를 만들 수 있다면 가장 이상적이겠죠. 미국과 일본에서 연구하고 있습니다. 언젠가는 정자의 생성 원리를 알아낼 수 있을 겁니다.

Y염색체의 염기서열을 분석한 결과, Y염색체는 지금까지 꾸준히 유전자가 사라져 길이가 짧아졌다고 합니다. 그래서 Y염색체가 사라질 거란 주장도 있던데요.

전체 염색체에서 Y염색체가 가장 작고 열성유전자를 많이 갖고 있습니다. X염색체에는 2000여 개 유전자가 있지만 Y염색체에 있는 유전자는 고작 78개뿐이며 실제로 20여 개밖에 활동하지 않아요. 엄밀히 말하면 Y염색체는 X염색체와 짝을 이뤄 겨우 살아남는다고 할 수 있죠.

Y염색체 멸종으로 남성이 사라질까요.

그러지는 않을 겁니다. 남성을 결정하는 것은 Y염색체뿐 아니라 SRY(성결정인자·Sex-determining Region Y) 유전자입니다. SRY 유전자에 의해 고환이 만들어지죠.

난임 예방이나 극복을 위해 남성이 꼭 알아야 할 게 있다면.

요즘 터프하고 남성다운 몸을 만들기 위해 헬스장을 찾는 남성들이 늘고 있습니다. 운동으로 식스팩이니 초콜릿 복근을 만드는 건 좋습니다만 스테로이드 성분이 들어 있는 단백질 보충제는 절대로 복용하면 안 됩니다. 고환을 축소시키고 정자 생성 능력을 떨어뜨리거든요. 가임 남성이 남성호르몬제를 맞는 것도 금물입니다. 몸 밖에서 공급되면 자체 생산에 게을러질 수 있어요.

환경호르몬도 남성 정자에 미치는 영향이 크지 않나요.

폴리염화비페닐PCB153과 디에틸헥실프탈레이트DEHP가 정자 운동에 문제를 일으킨다고 보고되고 있습니다. 정자의 운동성을 떨어뜨리고 DNA 손상을 진행시킵니다. 수정이 되면서 정자는 핵(염색체, DNA)을 난자에 넘기는데, 손상된 DNA를 넘기면 결국 유산으로 이어질 것입니다.

무정자증인 경우 정자를 찾는 방법

부고환에서 찾는 방법

PESA(경피적 부고환 정자 흡입술):

음낭 피부로부터 부고환에서 주사침(21~23 게이지 바늘)으로 정자를 직접 흡입하는 방법. 수술 현미경과 미세수술 기구가 필요하지 않다. 국소마취 후 시행되어 입원이 필요 없고 고환이 외부에 노출되지 않아 부작용이 적다.

MESA(미세수술적 부고환 정자 흡입술):

국소 또는 전신 마취 후 음낭을 절개해 수술 현미경으로 보면서 미세수술 기구를 이용해 부고환을 미세 절제하고, 부고환 미세관에서 주사기로 정자를 흡입하는 방법.

고환에서 정자 찾는 방법

TESE(고환조직 정자 채취술):

국소마취 후 고환 한 군데에서만 채취. 현미경 필요 없이 맨눈으로 진행한다. 조금만 절개해서 정자를 확보해 고환 손상이 거의 없다.

TESA(고환조직 정자 흡입술):

국소마취 후 주사침(21~23 게이지 바늘)을 부착하고 음압을 주면서 수차례 흡입한다. 피부 절개를 하지 않아도 되고 수술 현미경과 미세수술 기구가 필요하지 않지만 얻어지는 정자 수가 적다.

Multiple TESE(다중적 고환조직 정자 채취술):

국소 혹은 전신 마취 후 1~2cm 정도 음낭 피부를 절개해서 고환 조직을 여러 군데 떼어내어 정자를 찾아내는 방법(폐쇄성 무정자증이라면 1~2군데 조직에서만 떼낸다).

Microsurgical TESE(미세수술적 고환정자채취술/미세다중수술):

수술 현미경을 이용해 고환을 절개한 후 정자 형성이 일어나는 세정관(정세관)을 전체적으로 살펴보고 정자 형성이 일어나는 부위만을 선택적으로 채취하는 방법. 비폐쇄성 무정자증 환자에서 고환 손상을 최소로 하는 동시에 정자 채취 가능성을 최대화하기 위한 표준적인 수술 방법이다.

호르몬 치료로
무정자증 치료할 수 있어요

박정원 원장
원탑비뇨기과

1967년생. 경희대 의대 졸업. 호주 MONASH대학교 의과대학 수료.
CHA의과대학 분석유전학 석사. 한양대 의학유전학 박사 수료.
강남차병원 여성난임센터 근무. 대한남성과학회 해외우수논문상 수상(2013년).
현 원탑비뇨기과 원장

#고환 사이즈와 무정자증의 상관관계
#생식호르몬 수치의 함정 #고환 조직검사와 미세다중수술
#유전적 무정자증
#정자의 5적 '술·담배·비만·사우나·단백질보충제'

과도한 업무로 인한 스트레스 때문인지, 환경호르몬의 영향 때문인지 정확하게 밝혀진 바는 없지만 현대사회에서 남성의 생식능력이 이전 세대와 비교해 급하향 곡선을 그리는 것은 분명하다. 국민건강보험공단 자료에 따르면 2020년 난임 진단을 받은 남성 환자는 8만여 명으로 5년 전인 2016년 6만3598명 대비 25% 정도 증가했다. 즉, 정자의 활동성 저하나 정자 수 감소 등 남성의 생식능력이 떨어져 임신이 안 되는 경우가 다반사라는 얘기다.

남성 난임의 원인은 주로 정계정맥류, 또는 정자 이동에 문제가 있는 폐쇄성 무정자증과 유전자의 이상 등에 있다고 하지만 원인불명도 많다. 아직 원인이 밝혀지지 않은 남성 난임도 부지기수다.

가장 큰 문제는 무정자증이다. 무정자증은 정액을 검사했을 때 정자가 보이지 않는 경우다. 비뇨기과 교과서에는 '(무정자증의 경우) 전체 남성의 1%에서 발견되며 난임 남성의 10~15%에서 발견된다'고 되어 있지만, 박정원 원탑비뇨기과 원장은 "체감상 이보다 훨씬 더 많게 느껴진다"고 말한다.

다양한 무정자증 원인

박 원장에 따르면 난임 전문의료기관에서는 겉으로 건강한 남성임에도 정자가 아예 보이지 않는 경우를 예사롭게 만날 수 있다고 한다. 무정자증 남성의 경우 정자가 없기에 자연임신은 고사하고 인공수정이나 시험관아기 시술IVF도 해볼 수 없다. 난자와 수정될 정자가 없기 때문이다.

박 원장은 '없다'는 정자를 기어이 찾아내는 '정자 헌터'로 유명하다. 무정자증 남성이라고 해도 고환을 열어 끝내 정자를 찾아내는 게 그의 재주이자 사명이다. 없는 정자를 어떻게 찾을 수 있을까. 설령 정자를 찾았다고 해도 임신까지 어떠한 노력을 더 해야 할까.

정자가 생성되는 기전을 알려주세요.

정자는 고환에서 만들어져서 부고환에서 성숙해집니다. 정관을 통해 정낭을 지나서 전립선을 통과하고, 요도를 지나서 사정이 되는 거죠. 원래는 부고환에서 정자가 운동성을 획득한다고 알려져 있지만 실제로는 고환 내, 즉 정자가 만들어지는 관 내에서도 조금씩이나마 꿈틀대는 정도의 움직임을 보이는 정자들도 있습니다. 옛날에 어르신들이 아기 점지 기도를 할 때 100일 기도를 했어요. 현대 의학 지식이 하나도 없던 선조들이 기막히게 과학적이었던 거죠. 보통 정자가 만들어지는 데 72~76일, 고환 안에서 부고환으로 나와서 성숙하는 데 12~18일, 총 90일 걸리거든요. 그러니 선조들이 합궁 전에 100일간 기도하고 금욕하라고 한 건 놀랍도록 과학적인 행위입니다. 자식 하나 만드는 데 그만큼 공을 들인 거죠.

보통 몇 살 때부터 정액 속에서 정자가 보이기 시작하나요.

평균 11~14세면 보여야 해요. 소변을 받아 보면 정자가 보입니다. 12세에 소변에서 정자가 나오는 것이 37.5%, 13세에는 68.9%예요. 즉 14~15세에 몽정을 하지 않으면 의심해 봐야 합니다. 특히 요도하열이나 잠복고환 수술을 했다면 반드시 14세쯤에 몽정을 하는지 확인해봐야 합니다. 또 유전적으로 문제가 있어서 고환에서 정자를 찾아내 체외수정술로 임신해 얻은 아들이라면 관심 있게 관찰해야 합니다.

고환 크기와 무정자증이 상관관계가 있나요.

한국인 남성의 고환은 아무리 작아도 12㏄ 이상이 되어야 해요. 서양인 남성은 20~25㏄ 정도입니다. 손으로 봤을 때 고환 크기가 초등학생 저학년은 땅콩, 고학년은 작은 대추알, 청소년기 이후에는 큰 대추알 정도 되어야 해요. 남자의 고환은 10대 중반부터 20대 초중반까지 조금씩 커질 수 있어요. 30세가 되면 멈추고요.

무정자증은 어떠한 이유로 발생하나요.

예전엔 무정자증의 원인을 크게 두 가지로 나누었어요. 폐쇄성 무정자증과 비폐쇄성 무정자증으로. 말 그대로 폐쇄성은 정자가 나오는 통로가 막혀서 정자가 못 나온다는 것이고, 비폐쇄성은 정자를 만드는 시스템에 근본적으로 문제가 있어서 정자가 없다는 겁니다.

폐쇄성 무정자증인지 비폐쇄성 무정자증인지 어떻게 알 수 있나요.

대부분의 비뇨기과와 난임 전문의료기관에서는 혈액검사를 통해 호르몬 수치를 봅니다. 1차적인 검사죠. 하지만 단순히 생식호르몬 수치만 가지고 무정자증의 원인을 폐쇄성과 비폐쇄성으로 나눌 순 없어요. 이를테면 남성호르몬 수치가 낮고 성선자극호르몬_{FSH}이 높으면 비폐쇄성이라고 단정하기 쉬운데, 이게 다 맞지는 않아요. 무정자증의 원인을 단순히 무 자르듯 단정할 수가 없다는 뜻입니다. 2009년에 세계적인 생식의학 전문 학술지인 〈Fertility and Sterility〉에 실린 내용을 보면 792명의 비폐쇄성 무정자 환자 중 FSH가 정상 범위인 환자가 무려 245명이나 되었어요. 호르몬 검사 결과로 속단할 수가 없는 거죠.

여기서 잠깐, 호르몬에 대해 알아보자. 혈액 채취를 통해 호르몬 검사를 하는 이유는 호르몬이 혈액을 통해 온몸을 돌기 때문이다. 우리 몸은 A에서 B로 어떤 신호 물질을 보낼 때 혈관을 이용한다. 여성의 경우를 예로 들면, 뇌하수체는 매달 난자를 키우기 위해 FSH를 혈액에 띄워서 내려보낸다. 난소가 이를 수용해 난자를 키우고, 난자가 성장하면서 난자에서 에스트라디올E2이 분비된다. 이 E2를 자궁내막에서 수용해서 배란 때 내막이 두꺼워진다. 자궁에 수정란이 착상되지 않으면 배란 때 두꺼워진 자궁내막이 피(血)와 함께 철거되는 게 생리다.

남성도 여성과 같다. 정자가 자라기 위해서는 뇌하수체에서 내려보낸 FSH가 고환에서 잘 수용되어야 한다.

그렇다면 왜 FSH가 높으면 무정자증을 의심하게 되는 걸까. 우리 몸의 호르몬은 일방적 명령체계가 아니라 서로 교신하며 분비를 조율하는 피드백 체계이기 때문이다. 어떤 호르몬이 과다하게 분비되면 사이뇌(우리 몸의 호르몬 분비량을 조절하는 시상하부의 한 부분)에서 뇌하수체에 호르몬 분비 신호를 보내지 않도록 명령한다. 이에 따라 관련 호르몬 분비가 감소한다.

여성을 예로 들면 난소에서 난자가 잘 자라지 않으면 난소가 뇌하수체에 '난자가 잘 안 자란다'고 보고하고, 뇌하수체는 바로 FSH를 좀 더 분비한다. 다시 말해서 FSH가 어느 시기에 평균 이상 분비되었다면 난자(혹은 정자)가 잘 자라고 있지 않다고 의심해서 뇌하수체가 더 많은 FSH를 분비했다는 얘기다.

남성이 자위행위로 채취한 정액에서 정자가 보이지 않는다면, 더욱이 호르몬 검사에서 FSH 수치가 너무 높고 남성호르몬 수치가 낮다면 단순히 통로가 막혀서 정자가 배출되지 않는 게 아니라 고환의 정자 생산 시스템에 문제가 있는 비폐쇄성 무정자증으로 강하게 의심할 수 있는 것이다.

유전적 무정자증

박 원장은 폐쇄성 무정자증과 비폐쇄성 무정자증을 나눌 때 모호한 경우도 많다고 말한다. 예를 들어서 정자를 만들어내는 부고환에 심한 염증이 생겨서 아예 정자 생산이 안 되는 경우다. 이 경우 정자 배출 통로를 열어준다고 해도 별 소용이 없다는 것이다. 무정자증의 원인이 폐쇄성인지, 비폐쇄성인지를 호르몬 검사 등으로 속단해선 안 되는 이유인 셈이다.

폐쇄성 무정자증과 비폐쇄성 무정자증을 나누는 정확한 기준은 무엇인가요.
폐쇄성 무정자증 원인 중에 부고환에서 정관으로 넘어가는 길이 막힌 케이스가 있어요. 그야말로 폐쇄성 무정자증입니다. 하지만 그 외에 다른 이유가 더 많아요. 전립선 쪽 출구가 막혔을 수도 있고, 부고환에 염증이 있어서 막혔을 수도 있어요. 유전자나 염색체 이상으로 막히기도 합니다. 이 경우 단순히 막혀서 정자가 안 나오는 폐쇄성 무정자증이라고 단정할 수 없어요. 공장(정자 생산 시스템)이 제대로 돌아가지 않으면 그 공장이 왜 안 돌아가는지 조직검사를 해보기 전에는 알 수가 없어요. 어떤 분이 폐쇄성 진단을 받고 제게 왔는데 조직검사를 해보니 정자형성저하증이었어요. 정자형성저하증과 정자성숙멈춤증으로 고환 내 문제가 있어서 정자가 생성되지 않는 상황인데도 불구하고 통로가 막혀서 정액에 정자가 보이지 않는 폐쇄성 무정자증이라고 할 수 있을까요.

단순히 정자가 나오는 통로가 막혀서 정자 배출이 안 되는 것이면 해결책이 있나요.

그것도 케이스마다 달라요. 부고환과 정관을 연결하는 경우를 '부고환정관문합술', 정관과 정관을 연결하는 경우를 '정관정관문합술', 그리고 피임을 목적으로 잘라버린 정관을 다시 연결하는 경우를 '정관복원수술'이라고 하는데, 수술 성공률과 개통 유지율을 고려해서 결정해야 합니다. 다시 막힐 수 있기 때문이죠. 예를 들어 전립선 쪽이 막힌 거면 간단하게 해결할 수 있어요. 문제는 전립선 뒤 정낭 가까이에 있는 사정관이 막힌 경우죠. 전립선암 환자를 수술할 때 하복부를 통해서 방광 뒤쪽으로 접근하거든요. 배를 열어야 하는 거죠. 전립선에 오기 전까지의 통로가 막혀서 정자가 안 나오는 폐쇄성 무정자증이라면 어느 지점에서 막혔는지가 관건이며, 아예 고환에서 바로 정자를 채취해

IVF를 받는 게 좋은 선택일 수 있습니다.

성병 때문에도 정관이 막힐 수 있다고 하던데요.

이런 경우 정관만 막히는 게 아니라 주변 조직과 심하게 유착이 되어버려서 정관복원수술을 해도 개통률이 떨어질 수 있어요. 남자들이 성병을 감기처럼 앓고 지나가는 걸로 생각하는 게 문제입니다. 임질과 요도염이 다 나았다고 해서 끝난 게 아니에요. 정관이 막히는 정도가 아니라 정자 자체에 영향을 줄 수 있거든요.

유전적으로 정자 형성에 문제가 있는 경우도 있나요.

클라인펠터증후군이라는 게 있어요. 염색체 이상입니다. 정상적인 남자는 46,XY인데 클라인펠터증후군은 47,XXY입니다. 심지어 XXXY, XXXXY도 있어요. X가 많을수록 장애가 더 심해지는 경우가 많습니다. 외관상으로 멀쩡해서 잘 모르는 거죠. 남자 500~1000명당 한 명씩 나타날 정도로 흔한 질환입니다. 피부가 하얗고 팔다리가 길고 예쁘게 생긴 아들이 15세가 넘었는데도 자위나 몽정의 흔적이 없다면 의심해 봐야 해요. 대부분 무심하게 살다가 결혼해서 자식을 낳을 즈음에 밝혀지기도 합니다.

클라인펠터증후군 외에 또 유전적으로 정자 형성에 문제가 있는 경우는요.

남성은 염색체가 46,XY이고 여성은 46,XX인 게 일반적인데, 남성이 46,XX 염색체인 경우도 있어요. 정상적 부부가 1년간 부부 생활을 해도 아이가 안 생겨서 난임 전문의료기관에 갔어요. 검사했더니 정자가 없는 겁니다. 염색체 검사를 해보니까 46,XX였어요. 겉으로는 상남자였어요. 외성기는 작아도 고환이 잘 발달해 있었고, 내부에도 여자 장기가 전혀 없었죠. 그 남성은 남자일까요, 여자일까요? 당연히 남자입니다. 남자들 가운데 46,XX는 9000~2만 명 중 한 명꼴로 나타나요. 이런 남성은 임신을 시킬 수 없다는 것 외에는 남자로 사는 데 별다른 문제가 없습니다.

Y염색체가 없는데 어떻게 남자일 수 있죠.

성결정 유전자SRY가 반드시 Y염색체에 있지 않을 수도 있음이 밝혀졌어요. 염색체 1번에도 있고, 9번에도 있고, X염색체에도 있을 수 있어요. 우리 몸의 가장 기본이 되는 염색체 어딘가에 SRY라는 성결정 유전자가 있으면 엄마 자궁에서 고환을 만들어내는 능력이 생기고, SRY가 고환을 만들어냅니다. 고환에서 남성호르몬이 생성되어 남성으로 자라는 거예요. 염색체 어딘가에 SRY 유전자가 있으면 남성입니다. 유전학이 그래서 어려운 거예요.

비폐쇄성 무정자증의 경우 어떻게 정자를 찾을 수 있나요. 특히 유전적으로 문제가 있는 비폐쇄성 무정자증인 경우도 정자를 찾는 것이 가능한가요.

앞에서 말했듯이 정자를 만드는 데 필요한 유전자가 성염색체 Y에만 있는 게 아니거든요. X에도 있고 1번과 9번에도 있으니까요. 희망을 갖고 정자가 만들어지는 고환을 샅샅이 검사해 보는 거죠. 제가 하는 미세다중수술은 정자를 만드는 공장에 문제가 있든, 유전적으로 문제가 있든 고환을 조사해 보면 정자를 찾을 수 있기도 합니다.

정자를 찾아 임신에 성공한다고 해도 자식에게 무정자증이 대물림되지 않을까요.

정자를 찾으면서도 저는 신의 뜻에 맡깁니다. 과연 이 정자로 임신을 하는 것이 바람직한가 하는 문제에 봉착하면 저도 선뜻 답을 낼 수가 없어요. 유전되기 때문이죠. Y염색체에 문제가 있어서 무정자증이 된 경우 '딸을 낳으면 되지 않느냐?'라고 생각할 수도 있어요. 과연 고환에서 정자를 찾아서 임신시키는 것이 옳은 일인가, 정자를 찾았다고 해서 기뻐할 일은 아니다 싶어요. 그저 '신의 뜻대로 하소서'라고 기도할 뿐입니다.

고환 조직검사와 미세다중수술

흔히 정자가 없으면 고환 조직검사부터 한다고 하는데, 고환 조직검사와 미세다중수술은 어떻게 다른가요.

조직검사는 고환 한 군데를 절개해서 고환 일부 조직을 채취해 내는 시술입니다. 그 조직에 정자가 있는지 없는지 확인해 보는 1차적인 방법이죠. 고환 조직검사에서 정자를 찾을 수 없다면 마지막으로 미세다중수술에 도전해 볼 수 있어요. 고환 조직 일부를 떼어내는 게 아니라 고배율 현미경으로 고환에 있는 세정관을 모두 뒤져보며 찾습니다. 정자의 흔적을 추적할 수 있거든요. 정자가 나올 만한 큰 조직을 현미경으로 찾아서 떼어냅니다. 이를 통해 꽤 많은 분이 정자를 찾았어요. 이 경우 IVF만으로도 임신할 수 있죠.

함부로 고환 조직검사를 하면 안 되는 것 아닌가요.

맞아요. 고환 조직검사를 너도나도 하는데, 고환에서 조직을 떼어내는 정도가 다 다르다는 게 문제입니다. 간단하게 말해서 포클레인으로 조직을 팍 뜰 수도 있고, 아주 조금만 뜰 수도 있습니다. 조직을 너무 많이 떼어내면 자칫 고환 조직이 다칠 수 있어요. 저는 1mm 정도 떼어냅니다. 고환 같은 생식세포는 한번 손상되면 재생이 안 되기 때문이죠. 아무리 무정자증으로 판명이 났어도 폐쇄성·비폐쇄성 무정자증 여부를 먼저 추적해 봐야 하고, 고환에 직접 메스를 대는 조직검사까지 해야 한다면 반드시 남성 난임 전문의를 찾아가서 하기를 권합니다.

조직검사, 미세다중수술 등을 통해 고환에서 미성숙정자를 채취한 후 체외에서 성숙시켜서 IVF를 하는 방법도 있다고 하던데요.

아주 민감한 문제입니다. 일부 난임 전문의료기관에서 원형정세포, 즉 미성숙정자 중에서도 초기 단계의 것을 채취해서 체외배양을 통해 임신을 시킬 수 있다고 하는데, 거의 불가능하다고 봐야 합니다. 이미 세계적인 학회에서 '원형정세포로 아기를 갖는 것은 힘든 일'이라고 발표했어요. 함부로 해선 안 되는 일이라는 거죠. 몇몇 국가에서는 불법으로 금하고 있기도 합니다. 원형정세포로 시험관시술을 하는 것은 안 될 일이에요.

왜 그렇죠.

자, 보세요. 고환에는 세르톨리세포와 생식세포가 있어요. 세르톨리세포는 생식세포(아기씨)를 보호하고 키워주고 먹여 살리는 세포로, 유모세포라고 하지요. 이 유모세포가 정자를 보듬어주고 영양분도 공급해 주고 키워주는 거라고 보면 됩니다. 유모세포 없이 덜렁 원형정세포를 채취해서 배양하는 것은 안 될 말입니다. 이런 건 있어요. 세르톨리세포가 머리를 잡고 있는 정자들이 있어요. 그 이유가 미성숙정자여서인지, 정자에 어떤 문제가 있어서인지는 알 수 없지만, 중요한 건 꼬리까지 형성되어 있는 정자라면 체외에서 조금만 배양하면 완전한 정자가 될 수 있다는 희망이 있는 거죠. 마지막 단계의 정자니까요. 이런 정도의 정자를 찾아내서 체외수정을 진행하는 건 도전할 만하다고 봐요. 하지만 미세다중수술로 그런 정자를 찾는 것도 엄청난 배양 노하우가 있어야 합니다.

고환에서 정자를 찾아내면 반드시 IVF를 해야 하나요.

고환에서 채취된 정자는 정상적인 사정에 의한 정액 속에 있는 정자와는 달라요. 심지어 아주 어린 정자(성숙이 안 된)일 수도 있습니다. 그런 정자의 경우 스스로 수정할 능력이 없어요. 미세수정(ICSI·난자세포질 내 정자주입술)으로 강제 수정시킬 수밖에 없을 겁니다. 고환에서 채취한 정자의 미세수정은 특히 난임 산부인과 전문의와 경험 많은 연구진에 맡겨야 성공률이 높습니다.

다른 방법으로 고환 상태를 개선할 수는 없나요.

중추신경세포CNS와 생식세포는 일정 연령이 지나면 재생되지 않는다고 알려졌는데 호르몬 치료로 고환 조직 상태가 개선되는 환자분들이 계세요. 미세다중수술로 힘들게 고환에서 찾은 정자로 IVF를 통해 아이를 가진 무정자증 환자의 고환 조직검사 결과 말기 퇴화 상태에 해당하신 분이 호르몬 치료 후 진행한 두 번째 미세다중수술 조직검사에서 원래의 말기 퇴화 상태에서 중기 또는 초기 상태까지 호전된 분은 물론 정액에서 정자가 보이는 분들도 계세요. 의학적으로 설명하기 힘든 경우도 상당수 있습니다.

정자의 5적 '술·담배·비만·사우나·단백질보충제'

요즘 남성들, 수태력이 예전 남성에 비해 많이 떨어졌다고 하던데요.

세계보건기구WHO 기준으로 봤을 때 정액 1cc당 1500만 마리 이상이라야 정상으로 봅니다. 여기서 1500만 마리 이상이라는 것이 중요해요. 최소 기준이 1500만 마리라는 거죠. 심지어 이건 최근에 낮춘 기준치입니다. 전 세계 남성과학회에서 '정상치를 얼마나 낮춰야 할까'를 놓고 고민한 결과입니다. 낮추는 데에는 더는 이견이 없었을 만큼 현대 남성들의 정자 건강에 비상이 걸렸다는 거예요.

기형 정자 숫자도 많아졌다면서요.

기형 정자가 전체 정자의 96%까지는 정상으로 봐요. 모양이 완전히 정상인 정자가 최소 4%가 되면 괜찮다고 봅니다. 문제는 기형 정자가 수정력이 있다는 거예요. 예전 교과서에서는 기형 정자는 수정력이 없다고 가르쳤는데, 수정력이 전혀 없는 건 아니거든요. 건강한 정자와 난자가 만난 좋은 수정란이 착상해야 건강한 아기가 태어납니다. 정자가 전반적으로 나빠지는 건 국가적으로 엄청난 손실입니다.

고령 남성이라면 정자 걱정을 해야겠군요.

남자는 문지방만 넘을 수 있어도 수태력이 있다는 건 과거의 패러다임이고, 실제로는 그렇지 않아요. 남자도 갱년기가 있고 폐경이 있어요. 빨리 오는 사람은 30대 중후반에도 옵니다. 정자를 만들어내는 공장이 노화되니까 정자가 만들어진다고 해도 겉으로만 멀쩡하지 상태가 좋을 리가 없는 거죠. 유전적으로 문제가 있다면 더 빨리 생식능력을 잃습니다. 그럼 20대라고 해서 정자의 숫자가 많고 건강할까요? 천만에입니다. 나이별 정자 상태에는 평균이 없어요. 정말 요즘 정자 상태가 안 좋거나 무정자증인 남성이 늘어나고 있어요.

정자 건강을 위해 현대 남성들이 어떤 노력을 해야 할까요.

정자의 5적이 뭔지 아세요? 술, 담배, 비만, 사우나, 단백질보충제입니다. 술은 정말 안 좋습니다. 난자는 옷을 입고 있는데, 정자는 옷이 없어요. 맨몸입니다. 알코올은 지용성이기 때문에 정자 세포막을 그대로 침투해요. 정자는 머리와 꼬리로 구성되었는데 그 중간인 목 부분에 미토콘드리아가 있어요. 이 미토콘드리아에서 에너지를 만들어서 꼬리가 움직여요. 난자에게 가는 데 꼬리는 아주 중요한 역할을 하거든요. 이 미토콘드리아에 알코올이 침투하면 정자 본체가 나빠지죠. 정자는 외부 충격이나 스트레스에 아주 민감합니다. 스트레스가 술·담배보다 더 나쁘다고 말할 순 없지만, 스트레스호르몬 때문에 발기가 안 되고 사정이 잘 안될 수 있어요.

비만도 안 좋아요. 2012년도에 발표된 논문을 보면 혈액 내의 지방이 함량이 높을수록 정자 상태가 안 좋다고 되어 있어요. 콜레스테롤 수치, 중성지방 등이 고환의 기능 저하에 영향을 끼친다는 거죠. 청소년기에 너무 뚱뚱하면 한창 무르익는 고환에 해가 될 수 있어요.

반신욕이나 사우나는 결혼해서 아이 다 낳고 나면 그때부터 즐기세요. 또 공부 때문에 지친 아들에게 단백질보충제를 주지 마세요. 근육을 키운다고 단백질보충제를 마구 먹는 경우가 있는데, 정자 건강에 안 좋아요. 그 안에 단백동화스테로이드가 들어 있는데, 근육을 만드는 데에는 도움을 줄 수 있겠지만 정자 형성 과정에 치명적일 수 있습니다.

환경호르몬도 정자 건강에 최악이라면서요.

우리 주변엔 환경호르몬 투성입니다. 플라스틱, 코팅제, 영수증 등 환경호르몬이 우리 몸속에 들어오면 내분비계 교란 물질이 되어요. 생식호르몬 분비 체계가 망가집니다. 정자에 당연히 안 좋은 영향을 미치겠지요. 환경호르몬이 몸에 들어오면 남성에게 여성호르몬이 많아집니다. 한창 사춘기인 남학생들은 2차 성징이 잘 나타나 남성이 되어야 하는데 환경호르몬은 치명타입니다. 결혼해서 아이 안 생겨서 고민할 일 만들지 말고 어릴 때부터 환경호르몬에서 멀어져야 해요.

무정자증도
아이 낳을 수 있어요

한지은·강진희·석현하 원장
미래연여성의원

#다양한 남성 난임 원인과 극복법
#인공수정과 IVF 반복 실패 시 SDF 추천
#정자 지표는 전반적 건강상태 신호
#과도한 운동, 스테로이드·남성호르몬제 정자에 악영향

건장한 체격에 진한 수염, 구릿빛 피부의 상남자 스타일인 A씨는 평소 남성성에 대한 자신감이 넘쳤다. 그런데 결혼 3년이 지나도록 아이가 없어 아내와 함께 난임 전문의료기관을 찾았다가 뜻밖의 말을 들었다. 정자 생식 능력에 문제가 있고, 비타민D 혈중농도도 낮다는 것. 매일 운동을 하는 등 건강에 자신 있던 자신이 비타민D 부족에다 기형 정자가 많고 정자의 운동성도 떨어져 그동안 자신 때문에 임신이 안 되었다니 황망하기만 했다.

몸짱을 꿈꾸는 B씨는 주변에서 권하기도 하고 구매하기도 쉬워 남성호르몬이 함유된 건강기능식품과 단백질 음료를 먹으며 운동했다. 임신 시도에 계속 실패하자 정액검사를 했는데 지속적인 호르몬 노출로 고환 기능이 많이 위축돼 정자 생식기능에 문제가 있다는 이야기를 들었다.

임신이 안 되어서 난임 시술(인공수정, 시험관아기 시술)을 고려하는 부부가 늘고 있다. 전체적으로는 여성 쪽 원인이 40~50%, 남성 쪽 원인이 35~40%, 남녀의 복합적인 요인이 10%, 원인불명이 5~10% 정도다. 건강보험심사평가원 통계에 따르면, 남성 난임으로 진료받은 인원이 최근 5년(2015~2019년) 사이 52.6%나 증가했다. 남성 난임 환자 가운데 35~44세의 증가율(16.2%)이 가장 높았다.

남성 요인 난임의 원인은 다양하다. 잠복고환이나 정계정맥류·사정관폐쇄·정관무형성증·역행성 사정 같은 해부학적 이상에 의한 난임도 있고, 감염이나 항정자항체의 자가면역에 의한 난임, 성선저하증의 호르몬 이상에 의한 난임도 있다. 그 밖에 클라인펠터증후군, Y염색체 미세결실과 같은 염색체 이상에 의한 난임이 10~15%, 원인을 알 수 없는 난임이 30%에 달한다. 간, 신장, 당뇨, 고혈압 같은 질환이 있어도 정자 생식능력이 떨어질 수 있다. 직업적으로 열이나 전자파 노출이 많아지고 알코올, 흡연, 약물, 환경호르몬, 고강도 운동 같은 환경적·사회적 요인이 복합적으로 작용하는 것도 무시할 수 없다.

다행히 지난 35년간 생식의학의 눈부신 발전으로 인해 무정자증을 포함한 심각한 남성 원인 난임 부부들도 시험관아기 시술IVF을 통해 임신할 수 있게 되었다. 특히 정상 정자를 난자의 세포질 내로 주입해 수정을 도와주는 ICSI(세포질 내 정자주입술/미세수정술)를 통해 많은 남성 난임을 극복하고 있다. 미래연여성의원 한지은·강진희·석현하 원장에게 남성 난임을 극복하고 임신에 성공할 수 있는 방법에 대해 들었다.

고난도 무정자증

남성 난임 여부를 파악하는 기본 검사는 정액검사다. 정액의 양, 정자 수, 정자 농도, 정자 운동성, 정자 형태 등 여러 지표를 통해 정자의 상태를 평가할 수 있다.

한지은 원장은 "무정자증이나 희소정자증의 경우에는 염색체검사, Y염색체 미세결실 검사를 한다. 또 반복적인 자연유산이나 원인이 불명확한 난임, 인공수정과 IVF의 반복 실패 시에는 정자DNA 손상검사 Sperm DNA fragmentation, SDF를 권한다"며 "정액검사에서 이상이 발견되면 호르몬 검사와 감염 검사를 통해 더 정확한 진단과 관리를 계획할 수 있다"고 했다.

"전체 남성의 1%, 남성 요인 난임의 15~20%를 차지하는 무정자증은 반복적인 정액검사에서 정액 내에 정자가 전혀 존재하지 않는 경우를 말합니다. 정자의 배출 통로가 막힌 폐쇄성 무정자증과 통로에는 이상이 없지만 고환의 정자 형성 과정 자체에 문제가 있는 비폐쇄성 무정자증으로 나눌 수 있어요. 폐쇄성 무정자증의 경우 막힌 부분을 뚫어주거나 고환 혹은 부고환에서 정자를 추출해 임신을 시도할 수 있어요."

한지은 원장은 "무정자증 원인은 다양하다. 비폐쇄성 무정자증의 경우 유전학적 요인, 내분비계 이상, 고환의 독성물질 노출 등이 작용하는 것으로 알려져 있다. 이 중 염색체 이상이 10~15%를 차지하는데, 대표적인 예가 클라인펠터증후군(47,XXY)이나 Y염색체 미세결실이다. 이 경우 숙련된 연구원이 극소수의 건강한 정자를 찾아내 수정을 시키는 게 중요하며, 연구실의 능력에 따라 임신 결과가 판이할 수 있다"고 조언했다.

클라인펠터증후군과 Y염색체 미세결실 등 고난도의 비폐쇄성 무정자증 남성들을 임신에 성공시킨 사례가 많은 한 원장은 "단 하나의 정자라도 고환 조직에서 더 찾아내 건강한 수정란을 배양시키기 위한 난임 전문의와 연구원들의 노력이 중요하다"고 강조했다.

정자 DNA 손상검사 *SDF*

지난 40년 동안 남성의 정자 수가 절반 넘게 감소했다는 보고가 있다. 원인이 무엇일까. 강진희 원장은 "정자 수는 환경, 생활습관 등과 밀접한 연관이 있다"며 "비만 증가, 늦은 결혼, 질병, 환경호르몬, 미세먼지, 담배, 약물 복용 등이 주된 원인이지만 과다한 운동과 무분별한 스테로이드 호르몬제, 남성호르몬제 투여 등도 빼놓을 수 없다"고 걱정했다.

"전에는 임신 능력을 이야기할 때 여성의 나이, 난소, 난자가 화두였지만 최근에는 정자 문제가 많이 거론됩니다. 고환에서 만들어진 정자가 작은 관을 통해 이동하면서 시간이 3개월이 걸리는데, 이때 산화스트레스 노출에 의해 정자의 DNA가 손상될 수 있어요. 정자에 담긴 DNA가 정상이라야 건강한 배아를 기대할 수 있습니다."

정액검사에서 비정상이거나 반복 유산과 착상 실패를 경험한 경우, 보조생식술에 반복적으로 실패하는 경우에는 정자 DNA 손상검사 *SDF*를 해봐야 한다. SDF 수치가 높은 경우 정액검사가 정상이어도 자연임신 성공률이 떨어지고 인공수정, IVF 성공률도 낮고 자연유산의 위험률이 높아지기 때문이다.

만약 SDF 수치가 높고 IVF-ICSI(체외수정 시 세포질 내 정자주입술)에서 반복적으로 실패했다면 정자 채취 방법을 바꿔 고환 내 정자채취술 *TESE* 혹은 TESA(바늘로 고환 조직 정자 채취)를 통해 SDF 수치가 낮은 고환 내 정자를 이용해 시술하는 것을 고려할 수 있다. 또 ICSI를 위한 정자 선별 시 더 섬세한 PICSI(성숙 정자 선별 세포질 내 미세주입술)를 시도하기도 한다.

강 원장은 "정계정맥류 남성의 정자는 SDF 수치가 높아 임신율이 떨어지지만 교정 수술 후에는 78~90%에서 SDF 수치가 감소하고 임신율이 회복된다"며 "그 밖에도 생활 습관과 환경, 비만과 흡연이 SDF 수치에 영향을 미친다"고 덧붙였다.

정자 건강이 전신 건강 반영

정자 수가 기준치보다 적은 정자 생산 저하증 남성은 생식능력에서만 문제가 있을까. 그렇지 않을 가능성이 크다. 정자 지표가 남성의 전반적 건강상태를 보여주는 신호 중 하나이기 때문이다. 결혼과 출산을 바라는 35세 이상 남성에게 정자 검사를 권하는 이유다.

석현하 원장은 "남성 난임은 그 자체로 전체 건강 이상의 초기 신호다. 당뇨, 고혈압 같은 만성질환이나 대사증후군일 수 있는 의학적 상태를 보여주는 조기 신호이고, 정액 지표 이상이 암 위험도를 반영하기도 한다"고 강조했다.

"정자 지표에 이상이 있는 남성의 경우 고환암의 위험도가 20배 높아지고, 전립선암의 위험도와도 연관이 있는 것으로 최근 보고되었습니다. 7만6000명의 난임 남성을 대상으로 한 연구에서도 악성 암의 위험도가 49% 증가했고, 무정자증 남성은 전체 암 발생 위험도가 3배 높아진다고 보고된 바 있고요. 정액검사를 남성 건강 지표, 특히 초기 신호로 의미 있게 보는 의견이 많아지고 있습니다. 전신 건강이 생식호르몬 체계와 3개월에 걸쳐 분열하며 형성되는 정자 생성에 예민하게 반영되기 때문이죠. 정액검사 결과가 나쁠수록 질병 이환율과 사망률이 상승하는 상관관계도 나오고 있습니다."

석 원장은 미국에는 집에서 정자검사를 하는 자가검진 키트가 상품화되어 있을 정도라며 우리나라도 앞으로는 정액검사에 대한 요구가 계속 높아질 것으로 전망했다.

'항산화 보충' 정자 지표 향상

정자 생식기능 향상을 위해 할 수 있는 것은 무엇일까. 한지은 원장은 "기본적으로 규칙적인 생활, 적절한 운동, 균형 잡힌 식단이 중요하다"고 조언했다.

"생식능력 향상을 위해서는 붉은 고기는 적고 베리류 중심의 과일과 채소가 풍부한 식단으로 채워야 합니다. 트랜스지방의 섭취는 제한하는 게 좋고요. 하루 500~1000mg의 오메가3 섭취도 권장합니다. 실내 생활로 부족해지기 쉬운 비타민D도 보충하는 게 좋고요. 특히 40세 이상이거나 비정상 정액검사 결과가 나왔다면 항산화제, 오메가3, 엽산, L-시트룰린, 코큐텐 등을 더 챙겨 먹으면 정액과 정자의 산화 스트레스를 감소시킬 수 있어요."

강진희 원장은 "정자 이상 소견의 남성은 항산화 보충제를 3개월 이상 꾸준히 챙겨 먹으면 정자 지표가 호전될 수 있다"며 "당 함량이 적은 다크초콜릿은 강력한 항산화제 기능을 하고, 녹차에 첨가된 액상 비타민 등은 항산화제 흡수에 도움이 된다"고 조언했다. 이외에도 자주 정액을 배출하고 비만을 조절하며 약물, 흡연, 열에 노출되는 것을 최소화하는 생활 습관을 유지하는 것이 중요하다고 강조했다.

석현하 원장은 "남성 난임은 여성 쪽이 원인이 되는 난임에 비해 의학의 도움으로 극복 가능한 면이 많다. 무정자증을 포함한 중증의 남성 난임도 다양한 치료법으로 정자를 생산케 할 수 있거나 채취할 수 있어 IVF로 임신할 수 있다"며 희망의 끈을 놓지 말 것을 당부했다.

남성 난임 검사

정액검사:

남성 난임 환자의 생식능력을 평가할 때 가장 기본적인 부분을 차지하며 가급적 2~7일간 금욕한 상태로 방문해서 조용하고 밀폐된 개인검사실에서 정액을 채취한다. 검사 결과는 과거 병력, 복용 중인 약물, 신체검사, 생활 습관 등을 고려해 종합적으로 평가한다. 경우에 따라 2회 이상의 정액검사를 통해 종합적인 평가가 필요할 수 있다.

호르몬 혈액검사:

남성호르몬, 뇌하수체 호르몬 등 정자 생성과 연관된 내분비계 이상에 대한 검사

유전자, 염색체 검사:

남성 난임의 유전적 원인에 대한 검사

영상학적 검사:

음낭 초음파, 경직장 전립선 초음파, 정관조영술, 골반 MRI 등이 있다.

고환 조직검사:

고환 내 정자 생성 상태를 알아보기 위한 검사

정자 DNA 손상검사
(Sperm DNA Fragmentation test):

일반적인 정액검사에서 하는 정자의 수, 운동성, 모양뿐 아니라 정자 DNA 손상 정도를 파악한다.

수술적 치료

정계정맥류 절제술(Microsurgical varicocelectomy):

정계정맥류는 고환 온도의 상승, 고환 독성 물질의 역류 등으로 남성 난임을 유발하는 것으로 알려져 있으며, 시술 환자의 60~80%에서 정액검사 수치의 호전을 기대할 수 있다.

정관복원술(Vasovasostomy):

정관복원술은 정관절세술(vasectomy) 등으로 인한 정로 폐쇄의 경우 주로 현미경을 이용한 복원 수술을 시행할 수 있으며 정관 폐쇄의 기간 등이 개통률에 영향을 미칠 수 있다.

부고환정관문합술(Epididymovasostomy):

고환 조직검사에서 정상이고 정관이나 사정관 폐색이 없는 경우 시행한다.

경요도 사정관 절제술(Trans−Urethral Resection of Ejaculatory Ducts, TURED):

정액이 배출되는 통로가 좁아지는 사정관폐쇄가 있을 경우 경요도 내시경 절제술을 통해 폐쇄 부위를 개통할 수 있다.

무정자증 부부에게는
정자은행이 희망

이상찬 원장
부산 세화병원

1952년생. 부산대 의대 졸업. 현 부산 세화병원 원장

#대리모와 정자은행
#마음이 편해야 임신도 잘 된다

1995년, 부산 국제신문에 기상천외한 공개 모집 기사가 실렸다. '아이를 대신 임신해서 낳아줄 여성을 찾는다'는 '대리모 공개 모집'이었다. 대리모 공개 모집을 한 이가 바로 이상찬 부산 세화병원 원장이다. 요즘 시대라면 사안에 따라서 불법이라는 말이 거론될 정도로 위험한 발상이었지만 당시 정서에서는 법도 언론사도 의사와 환자도 불법의 테두리로 생각할 수 없었다고 한다. 오로지 '임신만 할 수 있다면'이라는 소원만이 간절하던 시절이었다. 어쨌거나 이 기발한 공개 모집으로 두 쌍의 난임 부부 중 한 쌍이 대리모를 통해 자식을 얻을 수 있었다고 이 원장은 말한다.

당시 어떻게 대리모 모집을 하실 생각을 했나요.

그러게요. 오로지 환자 입장에서 생각했어요. 너무 안타깝더라고요. 난임 부부가 자식을 절실히 원하니 내가 나서서 대리모를 구해 주고 싶었어요. 난소는 멀쩡한데 자궁을 적출해서 없는 여성이 두 명 있었어요. 그녀들의 경우 자기 난자와 남편의 정자로 수정란이 나올 수 있거든요. 대리모만 있다면 그 자궁에서 얼마든지 자식을 낳을 수 있어요. 1995년도만 해도 시험관아기 시술*IVF*에 대해 일반 산부인과 의사들조차 잘 모르던 시절이었어요. 언론사 기자가 제가 너무 간절하게 부탁하니까 공개 모집 기사를 내준 겁니다. 지금이라면 있을 수 없는 일이지요.

대리모 지원자가 많았나요.

모집 공고에 자격 조건을 젊고 건강한 30대 전후 여성이면 된다고 해

놓았어요. 의외로 많았어요. 정말 뜻밖이었죠.

대리모라는 것에 대한 거부감이 없었나 봅니다.

가치관의 문제겠지만, 그만큼 절박하니까 거부감이라는 게 의미가 없었어요. 각자 처한 환경이 다르니까 뭘 가지고 옳다 그르다 할 수 없는 거죠. 자식이 간절한 부부는 벼랑 끝에 내몰린 상황이라고 봐야 해요. 정자은행이라도 이용하고 싶을 만큼 절박한 상황이 얼마나 많은데요. 의사로서는 그 벼랑 끝에서 마지막 선택을 할 수 있도록 도와줘야 해요.

정자은행

정자은행도 운영하고 계시는데요.

난임 전문의라서 더 절실히 느끼지만, 무정자증 남자가 너무 많아요. 임상 경험상 난임 부부 중 남자 쪽 원인이 40% 정도는 되는 것 같아요. 무정자증 남성이 아내에게 자식을 포기시킬 수 없는 경우가 있어요. 자식을 꼭 원한다면 차선책으로 정자은행을 이용해 볼 것인지 물어봐요. 정자은행을 이용해서 임신을 시도하는 것이 100% 성공한다는 보장은 없지만 자식을 가질 수 있다는 희망은 가져보잖아요. 억지로 부추길 수는 없고, 자연스럽게 부부가 먼저 얘기를 꺼내면 권해 봅니다.

현재 한국은 정자 매매가 합법이 아니다. 생명윤리법상 정자은행에 기증된 정자만 이용할 수 있으며 부부의 합의(동의)는 물론이고 남편의 무정자증으로 인한 불임이라는 의사의 확진(소견)이 있어야 가능하다.

정자은행에 예치된 정자를 어떻게 구하세요. 요즘 정자은행에 정자가 없다고 난리인데.

예전에는 의대 교수들이 나서서 의대생들 정자를 확보해 줬는데, 요즘은 쉽지가 않아요. 우리 병원에서는 경북과 경남 지역 4년제 대학의 자연과학대학 대학생, 대학원생 중에서 신체 건강하고 유전병이 없고 똑똑한 남학생들에게 정자를 구하고 있어요. 그런데 쉽지가 않아요. 인문학 쪽 남학생들을 이해시키기가 너무 힘들어요. 자연과학 학생들은 생물학 등을 배우기 때문에 이해하는 편이지만요.

얼마나 확보하셨나요.

현재까지 예치된 정자가 혈액형별로 500여 개 될 겁니다. 사실 무정자증 부부에게는 정자은행밖에 희망이 없어요. 입양은 순전히 다른 유전자를 자식으로 받아들이는 것이지만 정자 공여를 통한다면 부부 중 한쪽의 유전자는 이어받을 수 있으니까요.

무정자증은 사정된 정액에 정자가 보이지 않는 증상일 때를 말한다. 무정자증에는 비폐쇄성 무정자증과 폐쇄성 무정자증이 있다. 말 그대로 폐쇄성은 정자 나오는 통로가 막혀서 정자가 못 나오는 상태이고, 비폐쇄성은 정자를 만드는 시스템에 근본적으로 문제가 있어서 정자가 없는, 그야말로 무정자증인 것이다. 통계상 무정자증 남성의 85%는 폐쇄성, 15%는 비폐쇄성으로 파악되고 있다.

정자 기증이라는 것이 덜컥 정자만 받는 건 아니겠죠.

그럼요. 정자를 제공하고 싶어도 건강검진에 통과해야 가능해요. 저희로서도 문제가 없는 정자만 받아야 하니까요.

정자 기증자가 되려면 먼저 건강검진에서 통과해야 하는 거네요.

철저하게 검사 과정을 거쳐야 해요. 혈액형 검사에서부터 비임균성 요도염 검사, 간염 검사, 에이즈 검사, 백혈병 바이러스 검사 등 12가지 항목으로 나눠서 검사합니다. 소변검사와 혈당검사 같은 것까지 합치면 수십 가지 검사를 다 하는 거예요. 자세하게 문진을 통해 유전병 등도 샅샅이 파악합니다.

간혹 정자가 불법으로 거래돼 문제가 된 일도 있던데요.

정자가 불법적으로 유통되는 건 위험한 일입니다. 어떤 유전병과 질병이 있는지 모르잖아요.

정자은행에서는 한 남성이 기증한 정자를 한 쌍의 부부에게만 제공하나요.

그렇진 않아요. 젊은 남자의 한 번 사정으로 확보한 정자를 3회에서 10회까지 사용할 수 있도록 나눠서 동결합니다. 그리고 원하는 부부에게 제공하는 거죠. 정자를 제공한다고 해서 바로 임신되는 것은 아니기에 여러 차례에 걸쳐 제공할 수도 있고, 여러 명에게 줄 수도 있어요.

하지만 한 명의 정자를 10쌍 이상에게 주는 건 피하고 있습니다.

정자은행을 통해 임신한 여성이 둘째 아이를 갖기 위해 또 찾는 경우도 있나요.

있죠. 간혹 둘째도 첫째 임신 때 제공받은 정자로 하고 싶다는 말도 하세요. 그런데 정자은행에 예치된 정자 자체가 많이 없는 상황에서 첫째 아이 때의 정자가 그때까지 남아 있을 리 없어 안타깝죠.

정자를 제공할 때 남편의 혈액형과 동일한 정자를 제공하나요.

그게 이상적입니다만, 정자 제공자 중에 남편과 동일 혈액형이 없다면 부부가 자식을 낳았을 때 나올 수 있는 혈액형을 염두에 두고 남편과 다른 혈액형인 정자라도 제공받고 싶어 하더라고요.

기적의 대화술

이 원장은 난임 시술을 30년 가까이 해온 베테랑 의사다. 그럼에도 이제야 환자와 제대로 대화할 수 있게 되었다고 말한다.

산부인과 의사로 난임 쪽은 생소했을 텐데, 어떻게 선택하게 되었나요.

원죄가 있어서….

원죄라니요?

1983년에 산부인과 전문의 되고 나서 부산대 교수로 발령이 났어요. 7월에 발령이 나니까 몇 달간 쉬어야 했어요. 그때 주임교수가 가족협회에 가서 일하고 있으라고 하더라고요. 그때 가족협회에서 '아들딸 구별 말고 한 명만 낳자'고 캠페인을 할 때였어요. 나라에서 대대적으로 산아제한 캠페인을 했어요. 전 거기에 가서 나팔관 묶고 정관수술 해줬어요. 하루에 100명도 더 잘라냈어요. 한번은 결혼도 안 한 총각이 오더라고요. '총각이 왜 정관수술을 하려고 하느냐?'라고 물었더니 '나중에 다시 풀면 되잖아요' 하더라고요. 예비군 훈련 안 받으려고 그러는 거죠. 그때는 예비군 훈련에 가서 정관수술을 받으면 훈련을 빼주었거든요. 피임 시술을 그때 너무 많이 해줬어요. 그 원죄가 있어서 회개하고 지금 애를 만들어주고 있죠(웃음).

난임 전문의는 한 가문에 자식 만들어주는 일이라서 보람이 꽤 있을 것 같아요.

글쎄… 암 수술이야 뭐, 잘라내면 끝나는 건데, 난임 환자는 한 달 뒤에 예스(Yes)냐 노(No)냐가 나오잖아요. 매일 괴롭지요. 안 되면 내 탓(의사)이고….

난임 시술은 의사가 환자에게 해줄 것이 없다는 말로 들립니다.

시술이야 뭐 쉽죠. 난자 채취해서 체외에서 수정시키고 넣어주면 되니까. 그걸로 의사가 잘하네, 못하네 해선 안 되고요. 결국 환자 마음을 치료해야 하는 것 같아요. 난임 전문의란 직업은 일반 산부인과 의사와는 좀 달라요. 스스로 좋아야 하지, 안 그러면 못 해요. 임신을 시켜야 한다는 부담이 있어서…. 난임 전문의로 사는 걸 천직으로 알아야 힘들지 않게 할 수 있어요.

이 일을 하신 지 벌써 35년이 넘었어요.

예전에는 난임 시술을 해도 임신이 안 될 것 같은 경우 절망적인 얘기도 곧잘 했는데, 지금은 그렇게 안 해요. 이런 일이 있었어요. 임신 시도를 하다하다 안 돼서 결국 입양을 했는데, 어느 해 추석 때 저를 찾아왔어요. 입양한 애까지 데리고 와서는 '선생님, 생리가 안 나와요'라고 하는 겁니다. 검사를 해보니 자연임신이 되었더라고요. 할 말이 없었죠. 요즘 이런 생각을 해요. 난임 전문의로 내가 그들에게 별 도움이 안 된다고…. 어떤 여성은 과배란 주사 처방을 해줬는데 깜빡하고 안 맞았대요. 그런데 난자 한두 개 자란 게 있어서 그걸 채취해서 임신이 되었어요. 의학 지식이 있다고 해도 생명을 어떻게 다 해석할 수 있겠습니까. 정말 난…, 잘 모르겠어요.

그분들은 스트레스 때문에 임신이 안 되었던 걸까요.

그럴지도 모르죠. 시험관시술을 시작하면 주사를 많이 맞아야 해요. 그 주사를 스트레스라고 생각하지 말고 감기 예방 접종한다고 편하게 생각하고 맞아야 임신이 잘 되더라고요. 계속 임신이 될까 안 될까에만 집중하고 걱정하다 보면 스트레스가 쌓여서 임신이 더 잘 안될 수 있고요.

임신이 잘 되는 길은 결국 편안한 마음 상태라는 얘기네요.

사람마다 다르겠지만 희망이 있어야 해요. 자꾸 걱정하면 안 되고, '될 거야' 하는 희망을 가지면 결국 돼요. 너무 집착하면 스트레스호르몬이 다량 분비되어서 안 되고요. 요즘 전 테라피 개념으로 환자들과 대화해요. 마음의 안정을 주고 싶어서. 난임 부부들에게 '놀러가라'고 권해요. 리조트 가서 놀다 오면 자연임신 되는 부부 많거든요. 리조트에서 술 한잔 마시고 '내 담당 의사는 돌팔이다'라고 실컷 의사를 욕하고 원망하면서 다 잊고 놀라고 해요(웃음)."

임신 시도를 포기시키기도 하나요.

간혹…. 포기하고 마음을 내려놓으면 그만큼 정신적으로 편해지거든요. 생활 속에서 즐길 것이 있고 재미가 있어야지 생리주기도 정상이 되지, 바짝 긴장하고 있으면 될 임신도 안 됩니다.

여성을 보면 임신 잘 될 것 같다는 느낌이 오나요.

밥 잘 먹고 열정적인 여자들이 잘 되더군요. 호르몬 분비가 풍부하면 열정적이고 밥맛이 좋아져요. 일본에서는 기업인이 아랫사람들과 밥을 꼭 같이 먹어본다잖아요. 밥 먹는 걸 보면 일 잘할 사람, 못할 사람을 가릴 수 있대요. 여자들도 밥을 잘 먹고 낙천적인 성격이면 아무래도 임신도 잘 되는 것 같아요. 우리 몸은 호르몬의 것이거든요. 호르몬이 날 갖고 노는 건데, 성격이나 생활 습관을 보면 그 사람의 호르몬 분비와 신경전달물질 분비를 대충 알 수 있어요. 호르몬 분비가 풍부해야 성생활도 잘하고 임신도 잘 되는 것 같아요.

난임 전문의로 스트레스가 많을 것 같아요.

절친한 지인이 나만 보면 '대마도 가자. 대마도 가서 술 마시면 다음 날 병원에 안 가도 되잖아'라고 해요. 전 술을 별로 안 좋아하지만 마셔도 잘 안 취해요. 술이 센 편이지만 잘 마시지 않아요. 내일 난자 채취 있고 시술이 많으면 참아요. 시술은 늘 하던 대로 하면 되지만 의사의 정성이 들어가야 임신을 잘 시킬 수 있더라고요. IVF를 어떻게 했고, 의사가 누구고 하는 것보다 그 의사와 환자가 얼마나 마음을 합치고 죽이 잘 맞았는지가 중요해요. 마음의 정성이 들어가야지 않겠어요.

그래도 의사에게 경험이라는 것이 중요하지 않을까요.

겪어보니까 난임 쪽은 1 더하기 1이 2가 아니더라고요. 3이 될 수 있고 4, 5가 될 수 있어요. 그러니까 큰 소리를 낼 것도 없고 내서도 안 되는 거예요. 겸손하게 정성을 다해서 시술해야 해요. 의사가 의학 지식이 많고, 시술을 많이 해봤다고 해도 아는 척할 수가 없어요. 의사가 잘 해줘서 임신이 될 수도 있지만, 꼭 그렇지도 않더라고요. 의사와 환자 서로 간의 보이지 않는, 그런 게 있는 것 같아요. 사람의 운명이라는 것이 알 수가 없어요.

이 원장은 "요즘은 임신을 포기시키기 바쁘다"며 난임 의사로서의 소회를 정리했다. 임신을 너무 기대하지 말라고 포기시키면 오히려 임신이 되더라는 것. 의술을 조목조목 설명하고 인체학적 기전을 애써 설명하려는 젊은 의사들과는 달랐다. 이 원장은 "의학적으로 밝혀진 그 무엇은 오늘 이 시간까지 밝혀진 그 무엇일 뿐"이라고 했다.

"결국 의사와 환자도 사람과 사람의 관계더라고요. 요즘 제가 책을 많이 읽어요. 사람의 마음을 잘 알아야겠더라고요. 그 사람 마음을 읽을 수 있고, 그 사람 말을 잘 들어주면 임신을 잘 시킬 수 있어요. 상대방 배려하면서 의사 노릇해야 해요. 의사랍시고 잘난 척하면서 진료하다가는 남는 건 허탈함밖에 없을 겁니다."

난임 전문의 26인이 말하는
임신의 기술

1판 1쇄 발행 2022년 8월 17일
1판 2쇄 발행 2022년 9월 16일

지은이 이승주

펴낸이 최호열
편집 신옥진
교정·교열 황금희
디자인 최정미

발행처 희망마루
등록 2021년 6월 22일(제2021-000061호)
주소 서울시 서대문구 충정로53 유원골든타워 1504호
전화 02-3147-1007
이메일 heemangmaru@naver.com
인쇄 알래스카인디고

ISBN 979-11-975167-1-9 03590

값 20,000원